KB202576

모모모 물관리

Management of All Water, by All, for All

모모모 물관리

Management of All Water, by All, for All

한무영 지음

우리

모모모 물관리의 탄생

세계적인 기후위기

국내는 물론 전 세계적으로 기후위기는 현실로 다가왔다. 각국의 청소년들이 기후 스트라이크를 일으키고, 정치지도자들이 기후위기에 대한 대응을 논의하고 있다. 기후문제를 해결하기 위해서는 탄소감축을 위한 전 지구적인 생각(Think Global)은 물론, 지역에서 행동 (Act Local) 이 필요하다. 그리고 문제의 원인을 바르게 알아야만 올바른 처방이 가능하다.

기후위기는 현실적으로 물(홍수, 가뭄, 물부족, 수질오염)과 불(폭염, 산불, 미세먼지) 의 문제로 나타난다. 이 현상들은 모두 빗물과 관련이 있으며, 빗물관리를 잘하면 대부분이 해결될 수 있다. 지금까지 빗물은 빨리 내다 버리는 것으로 관리해왔다. 이에 대한 새로운 패러다임은 빗물을 버리는 도시로부터 빗물을 모으는 도시로 바꾸자는 혁명적인 발상이다. 이것을 위해 현명한 시민들을 계몽하여 인식을 바꾸어야 한다 (Rainwater Revolution: From Drain City to Rain City by Training Brain Citizens).

그 동안의 도전들

빗물관리라는 새로운 패러다임의 물관리를 제안하고 확산시켜온 지난 20년의 여정은 도전의 연속이었다. 먼저 학문적 이론의 정립이다. 빗물관리라는 새로운 주제로 우리 연구실에서 석사 20명, 박사 11명이 탄생하였고, SCI 논문 100편 이상, 빗물관리 이론 영어 교과서를 출간하고, 국제물협회(IWA)에 빗물관리 위원장 자리를 지켜왔다. 이 공로로 모교인 서울대학교와 미국 텍사스 오스틴대학 동창회로부터 훌륭한 동문상을 받았다.

보수적인 전문가들은 새로운 것에 대한 근거나 사례를 요구한다. 세계적인 스타시티 빗물관리시설(2007년)과 서울대 35동 옥상녹화(2012년)는 지금까지 문제없이 잘 운전되고 있다. 개도국에서 많은 시행착오를 거친 후 빗물식수화 (Rainwater For Drinking)라는 개념을 성공시켜 세계보건기구 (WHO)와 함께 전 세계로 확산시킬 예정이다.

사회적인 편견을 극복하여야 한다. 우리나라 대부분의 국민들은 빗물은 산성비이므로 버려야 하는 것으로 알려져 있다. 학교에서 그렇게 배웠기 때문이다. 일반 사람들에게는 상식적으로 쉽게 설명하여야 한다. 그리고 법과 제도를 바꾸어야 한다.

가장 중요한 것은 인식의 변화이다. 전문가의 질문에 대해서 밤샘 연구나 시범사업으로 증명했다. 논문과 교과서를 영어로 만들어 외국의 사례에서 찾아보게 만들었다. 일반인에게 쉽게 다가가기 위해서 사회적으로 물문제가 발생할 때마다, 당시 유행한 드라마, 영화, 개그콘서트의 소재를 패러디하면서 전문성을 바탕으로 해결 방법을 제시하는 대중적인 칼럼들을 썼다. 그동안의 이러한 도전들이 나를 전문적이나 대중적으로 강하게 만들었으니 관련된 모든 분들께 감사드릴 따름이다.

선조들로부터 찾은 해답

기술적인 해법은 비교적 쉽다. 하지만 일반인을 설득하기에는 기술만으로는 부족하다. 그래서 우리의 역사와 전통과 철학을 이용하였다. 물관리가 가장 열악한 자연조건에서 우리에게 금수강산을 남겨주신 선조들의 물관리에서 답을 찾았다. 우리 땅에는 우리 물관리가 필요하다는 뜻에서 수토불이 (水土不二)라는 말도 만들었다.

인간은 물론 자연, 후손까지도 생각하는 모두를 이롭게 하자는 홍익인간 철학을 물관리의 목표로 삼았다. 물관리의 기본원칙은 마을을 나타내는 동(洞)자를 이용하여 설명하였다.

음양오행도 이용하였다. 불을 이기는 것은 물이다 (수극화: 水剋火). 산불을 끄는 것은 물이니 오는 빗물을 산에 군데군데 모아두면 된다. 도시에 물을 뿌려주면 열섬현상도 줄일 수 있다.

물을 이기는 것은 흙이다 (토극수: 土剋水). 내린 비를 땅의 위나 땅속에 모아서 천천히 내려가게 하면, 홍수도 막고, 지하수도 충전되고, 하천의 건천화도 막을 수 있다. 빗물관리를 잘하면 수극화, 토극수의 원리로 현재의 불과 물의 문제로 나타나는 기후위기를 해결할 수 있다.

모모모 물관리의 탄생

지금까지 물관리의 대상은 현재 사는 사람만을 위하여 하천과 그 이후 상수도와 하수도 관로에 있는 선(線)에 있는 물만을 다루었다. 이에 따라 상하류 간의 갈등, 자연과 인간과의 갈등, 후세와의 갈등이 예상된다. 앞으로 기후위기의 시대에 물관리의 새로운 방향을 다음과 같이 제시하고자 한다.

첫째, 모두를 위해서 (For All)

물관리에 관한 시설이나 정책을 만들 때 상하류사람, 자연, 후손 모두 다 이롭게 한다는 홍익인간의 정신을 반영하면 물로 인한 갈등을 줄일 수 있다.

둘째, 모두에 의해서 (By All)

하천에 들어오는 오염물질은 다름 아닌 그 유역에서 만들어

진 것이다. 유역에 떨어진 빗물을 잘못 관리해서 홍수와 물부족
이 발생한 것이다. 그 결과는 유역의 사람들과 후손들에게 고통
으로 돌아온다. 따라서 현재 물문제의 원인 제공자인 유역주민
모두가 물관리에 참여하여 함께 해결해야 한다. 그러면 그 혜택
은 결국 유역의 주민과 후손에게 돌아간다.

셋째, 모든 물을 대상으로 (All Water)

물관리의 대상은 내린 비가 흘러서 하천까지 이르는 물을 포
함하는 면(面) 전체에 있는 모든 물이다. 유역 전체 면에 촉촉하
게 빗물이 머금도록 한다면 홍수나 가뭄은 물론 산불도 막고, 열
섬이나 미세먼지 문제를 줄일 수 있다.

빗물관리는 우리나라가 세계 최고

새로운 패러다임의 물관리를 진행하면서 목표를 정했다. 세
종대왕께서 세계최초로 측우기를 발명하고, 측우제도를 시행한
것을 보고, 빗물관리는 우리가 세계최고가 되자는 것이다 (From
the First, to the Best). 그동안의 연구결과, 시범사업, 사회적 인식
의 변화, 특히 2019년부터 시행된 물관리기본법으로 그 실현 가
능성이 한발 더 가까워졌다.

전 세계가 기후위기로 고통을 받고 있다. 대한민국의 빗물관
리의 역사와 전통과 철학은 그에 대한 해결책을 제시해 줄 수 있
다. 전 세계 사람들의 눈과 귀를 즐겁게 해주는 제 1 의 한류를

넘어, 우리의 물관리 철학과 기술은 기후위기 시대에 전세계 사람들의 생명과 재산을 지켜주는 제 2의 한류가 될 수 있다.

이 책은 지난 11년간 이튜뉴스라는 주간지에 기고한 컬럼을 중심으로 만들었다. 그동안 새로운 패러다임의 물관리를 전파하기 위해 매우 전문적인 내용을 일반인들이 이해하기 쉽게 쓴 글이다. 우리의 빗물관리 철학과 기술이 현재 우리나라의 물과 관련된 갈등을 치유하고, 대한민국의 물산업 발전에 도움이 되기를 바란다. 더욱 중요한 것은 우리나라의 젊은이들이 전세계 기후위기의 해결사 역할을 할수 있는 리더가 될 수 있다는 것을 깨닫도록 하는 것이다.

이 책의 편집과 출간을 도와주신 에페코북스 박정자 대표님께 감사드린다. 빗물연구라는 불모지를 함께 개척해나간 서울대학교 우리학당(雨利學堂)의 석·박사 졸업생, 연구생들에게 감사를 드린다.

2020년 2월
우리(雨利) 한 무영

물과 기후에 대한 지혜로 세계의 부를 증진

조 동 성 (국립인천대학교 총장, 서울대학교 명예교수)

10여년전 한무영 교수를 비롯한 전문가들이 모여 "5W연구회"를 시작했다. 우리는 W로 시작하는 단어 5개로 이루어진 "Wealth of the World through the Wisdom of Water and Weather," 즉 "물과 기후에 대한 지혜를 통해 세계의 부를 증진"하는 연구를 진행해왔다. 지구는 70%가 물로 덮여있다. 우리 몸도 70%가 물이다. 물박사 한 교수가 40년간 몰두해온 연구결과를 집약한 이 책에서 세계의 부를 증진하고 우리의 삶을 행복하게 해주는 지혜를 배우자.

빗물관리 분야의 세계적 개척자

신 항 식 (KAIST 건설 및 환경공학과 명예교수)

빗물관리나 빗물식수화라는 단어가 20년 전만해도 생소하였으나, 이제는 국제학계에서 새로운 이슈로 등장하고 있다. 지금까지 빗물을 버리는 방법으로 관리하던 생각을 바꾸어 빗물을 모아서 잘 쓰자고 하는 것은 현재를 넘어 미래에 야기 될 수 있는 여러 사회적 문제에 대응할 수 있는 새로운 물관리의 패러다임이다. 즉 바람직한 물관리란 '모두를 위한, 모든 사람에 의한, 모든 물'을 잘 관리하는 것으로 수자원 확보는 물론 사회적 갈등을 줄이고 탄소발생량을 줄이고 홍수와 가뭄, 이상고온으로 대표되는 기후변화에 대비하는 것에 최우선적인 방안이다. 이러한 새로운 학문분야를 세계 최초로 개척한 한무영 교수에게 경의를 표하며 이 책이 빗물에 대한 관심과 중요성을 재인식하는데 길라잡이 역할을 할 것이다.

현명하게 물을 대하는 자세와 방법을 안내하는 교과서

곽 동 희 (전북대학교 교수 영산,섬진강 유역물관리위원회 위원)

빗물 전도사로 잘 알려진 서울대학교 한무영 교수님의 삶이 농익은 글로 나온다는 소식이다. 화려한 문구나 지식을 뽐내는 글이 아닌 소박한 문체로 씌여진 "모모모 물관리"는 일반인의 눈높이에서 알기 쉽게 이야기하듯 풀어놓은 책이다. 우리가 자각하지 못했던 물의 숨은 과학과 이치를 깨우치며, 현명하게 물을 대하는 자세와 방법을 안내하는 글 속에는 잔잔한 감동이 담겨져 있다.

물에 관한 국민 교양서이자 전문가를 위한 지침서

최 지 용 (서울대학교 평창캠프스/저영향기술개발연구단 단장/환경부 도시물순환포럼 위원장)

빗물관리에서 물순환의 중요성까지 국민 모두가 공감하고 이해할 수 있도록 집필한 물에 관한 국민 교양서로서 뿐만 아니라, 기후변화 대응과 통합물관리 등 새로운 물관리 패러다임 전환을 위해 물 관리 전문가가 반드시 읽어야 할 지침서

어린이들에게 빗물의 가치를 알려주는 교육서

남 기 원 (중앙대학교 사범대학 유아교육과)

교육은 지식, 기술, 태도 그리고 가치에 대한 것을 포괄하며 이를 토대로 바람직한 변화를 꾀하는 것이다. 이러한 관점에서 빗물에 대한 지식, 빗물관리 기술, 빗물에 대한 가치를 발견하여 우리들의 태도를 바꿀 수 있는 한무영 교수님의 책이 바로 이 시대를 사는 우리 모두의 교육서가 될 것이다.

물관리 기본법의 철학과 기본원칙을 정리한 글

주 승 용 (국회부의장)

이 책에는 물관리에 대한 저자의 기술과 지식뿐 아니라 지혜와 철학이 담겨 있습니다. 이 책을 읽는 내내 '물관리기본법'을 발의하면서 가졌던 질문에 대한 정답을 확인 할 수 있었습니다. 이 책의 제목처럼 저자의 물관리 비법인 '모두를 위한 모든 사람에 의한 모든 물관리'가 되길 기대하며, 우리나라 미래 물 관리를 고민하는 모든 분들에게 추천합니다. 주 승 용

물갈등과 기후위기 해결을 위한 중요한 참고자료

허 재영 (국가물관리위원회 위원장)

물관리기본법이 제정되어 시행되고 국가물관리위원회가 발족함에 따라 새로운 패러다임의 물관리가 시작되는 역사적 전기가 마련되었다. 한무영 교수는 빗물관리에 천착해온 우리나라 빗물분야의 최고 전문가이다. 그의 별칭은 "빗물박사"이다. 한무영 교수의 이 책은 우리나라의 역사와 전통을 바탕으로 지속가능한 물관리를 하기 위한 철학과 기술과 실제 사례들을 소개하고 있다. 우리나라의 물과 관련된 갈등을 해소하고, 기후위기에 적응하기 위한 방안을 모색하는데 필요한 중요한 참고자료가 될 것으로 믿는다.

빗물관리는 기후위기와 SDG6의 해결사

김 용 균 (행정안전부 중앙재난안전상황실장)

다목적 분산형 빗물관리라는 새로운 패러다임의 물관리를 개척하고 발전시켜 세계적인 성과를 이룬 것에 대해 경의를 표한다. 이 새로운 개념을 더욱 더 발전시켜 우리나라가 기후위기에 대응하고 지속가능발전목표인 SDG6를 해결하는 첨병역할을 할 수 있기를 기대한다.

최악의 자연조건이 만든 최고의 하늘물 관리기술

남 궁 은 (前 한국환경한림원 회장)

가장 어려운 기후환경 및 자연조건에도 불구하고 우리나라가 세계에서 가장 성공적인 국가물관리정책을 추진할 수 있었던 핵심요소는 전략적인 하늘물관리에 있었다는 사실을 이 책은 알기쉽게 설명하고 있다. 현재 28%에 달하는 수자원이용률은 우리가 필요한 생활 및 산업용수, 그리고 농업용수를 계절에 관계없이 풍부하게 제공하고 있음이 이를 증명한다. 이러한 성공 배경에는 한무영 교수님과 같은 국토의 빗물관리의 중요성을 초지일관 변함없이 설득하고 실행에 옮긴 학자로서의 노력 덕택이 아니었을까 생각해 보며 이 책의 발간을 축하드린다.

물관리에 대한 관심과 건강한 사회운동의 촉매가 될 것

최 연 충 (前 우루과이 대사/울산도시공사 사장)

저자는 《모두를 위한, 모두에 의한, 모든 물 관리》를 제안한다. 인간과 자연이 조화를 이루고 현재와 미래 세대에게 두루 이롭도록 자연계의 물순환 과정에 존재하는 모든 물을 관리하되, 국민 모두가 이에 동참하여 실천하자는 것이다. 이 책이 물관리에 대한 우리의 관심을 일깨우고 건강한 사회운동으로 이어지는 촉매가 되기를 기대한다.

기후위기를 해결해 나갈 젊은이들에게 추천하는 필독서

임 홍 재 (前 이라크, 이란, 베트남 대사)

홍수, 가뭄, 산불, 폭염 등 기후위기를 맞아 전 세계가 이 도전을 극복하기 위해 온갖 방안을 강구하고 있을 때 우리 역사에서 지혜를 찾아 하늘물 관리를 해법으로 제시하고 있는 이 책은 전 세계가 주목할 것이다. 빗물을 돈처럼 귀히 쓰자는 절약의 메시지는 평범하지만 가장 중요한 진리다. 한무영 교수의 고뇌와 땀이 담긴 이 책은 바로 자연을 사랑하는 아름다운 음악이다.

천생명수(天生命水)를 위하여

류 광 수 (사)서밋237 이사장)

남태평양 바누아투라는 나라에 복음을 증거 하면서 저자와 처음 만났습니다. 저자는 식수 문제로 고통 받는 이들에게 빗물로 깨끗한 식수 제공하기 위해 빗물 24시 하는 분이였습니다. 이 책에는 저자의 이런 마음이 잘 녹아 있습니다. 한무영 교수의 빗물과 물관리가 선교의 지렛대로 사용되길 기도합니다.

天生命水로 인하여
류 광 수

기후위기 대응은 빗물관리로

최 열 (환경재단 이사장)

빗물관리라는 새로운 패러다임의 물관리 방법을 우리나라는 물론 전세계에 전파하고 있는 한무영 교수는 전문성과 대중성을 고루 갖춘 글을 잘 쓰기로 유명하다. 거대한 토목시설 위주의 물관리를 분산형의 빗물관리와 조화를 이루어 우리 사회에 접목시키면 기후위기를 잘 대응할수 있는 지속가능한 사회에 한걸음 더 앞으로 나갈수 있을 것이다.

우리나라가 빗물관리 선도국가가 되기를

최 영 운 (서울대학교 건설환경공학부 동창회장/다원녹화건설 상임고문)

한무영 박사는 세계적인 '빗물 전문가'이다. 그는 빗물에 대한 20년간의 공학적 연구를 넘어 빗물에 관한 철학을 만들어 내고, 사회에 전파하는 '빗물 계몽가'가 되었다. 저자의 노력이 빗물관리·이용 분야의 발전은 물론 우리나라가 이 분야의 세계적인 선도 국가가 되는데 커다란 기여를 한 셈이다.

실천하는 도시농부들의 필독서

이 은 수 (서울도시농업시민협의회 공동대표)

이 책은 아주 쉬운 물관리의 실천방법을 제시하고 있다. 물은 위에서 아래로 흐르니 위쪽에서 받고, 모이면 힘이 세지니 분산해서 받자는 것이다. 기후위기 해결을 위한 "모두를 위한, 모두에 의한, 모든 물의 관리"는 도시농업을 하시는 실천가 분들이 읽어야할 필독서이다

하늘물 운동은 일류 생존의 솔로션

변 흥 섭 (자구(子久) TV 방송국장)

물은 대체 불가능한 지구의 생명 자원. 하늘물 박사 우리(雨利) 선생은 인류 문명 이래 빗물을 하늘물로 격상시킨 하늘물 창조주입니다. 버려야 할 빗물에서 모아야 할 하늘물로 패러다임을 전환시킨 하늘물 박사 우리(雨利) 선생, 그가 펼쳐온 하늘물 운동 20년의 역정은 지구 생명을 지속가능하게 하면서 과학 철학 인문을 아우르는 인류 생존의 솔루션이 아닐 수 없습니다. 그 솔루션의 엑기스를 한 권의 책으로 만날 수 있으니 이 또한 크나 큰 기쁨입니다. 빗물로 세상을 이롭게 하는 하늘물 우리(雨利)의 열정에 뜨거운 갈채를 보냅니다.

하늘물 문화 혁명의 불씨와 등대가 될 것

강 서 병 (넥서스환경디자인연구원 부원장)

하늘의 구름이 비가 되어 내리니 빗물은 하늘물이라 할 수 있겠습니다. 우리(雨利) 교수님의 하늘물 철학은 하늘물로 세상을 이롭게 한다는 호(號)처럼 잔물결되어 은은히 세상에 퍼질 것이며, 하늘물 문화 혁명의 불씨가 되어 빗물이 하늘물로 다시 태어나게 할 것입니다. 이 책은 빗물에 대한 오해를 풀고, 하늘물이 나아가야할 길을 밝히는 등대가 될 것입니다.

Contents

- 프롤로그 ——————————— 6
- 추천인 글 ——————————— 12

▶ PART 01 _ 기후위기의 해결사는 빗물

새로운 물관리 패러다임 ——————————— 25
» 기후위기에 대비하는 새로운 물관리 패러다임
» 폭우도 못 떼는 물 부족국가 딱지
» 로만틱과 거리 먼 로마식 물관리
» 우리나라의 사막형 물관리 정책
» 믿는 도끼에 발등 찍히지 않는 물관리
» 무예의 고수에게 배우는 기후위기 적응법

▶ PART 02 _ 물 관리의 철학과 정책제안

물관리 철학 ─────────────────── 47

» 마을 동(洞)자에 숨겨진 물 관리의 비밀

» 다스릴 치(治)자에 숨겨진 물 관리 비밀코드

» 4차원적인 물관리로 후손에게 금수강산 물려주기

» 히딩크식 물관리-멀티플레이어 전략

» 뭉치면 적, 흩어지면 친구

» 위에서 모으면 '흑자', 밑에서 모으면 '적자'

» 빗물관리 철학의 진화: 님비, 핌피, 해피

물관리 정책제안 ─────────────────── 69

» 국토의 물 자산관리

» 윗물이 맑아야 아랫물도 맑다

» 치산이 빠진 절름발이 치수정책

» 금수강산을 되살리는 새로운 패러다임의 물관리

» 땅 따로 물 따로, 샤일록식 국토관리

모모모 물관리 ─────────────────── 88

» 모두를 위한, 모두에 의한, 모든 물의 관리

▶ PART 03 _ 빗물관리

빗물에 대한 오해 ———————————————————— 95

» 저탄소 녹색성장의 걸림돌 '산성비 괴담'

» 한번 산성비는 영원한 산성비가 아니다

» 수비수비 마하수비 수수비 사바하

» 빗물 챌린지

» 세상에서 가장 배부른 물 가장 재미있는 물

» 고인 물을 썩지 않게 하는 비법

빗물관리 ———————————————————————— 114

» 빗물은 '재(再)'이용이 아닙니다

» 얄미운 빗물, 고마운 빗물

» 김장에서 배우는 물관리

» 포장만 요란한 투수성 포장

» 받아먹는 물, 주워 먹는 물, 털어먹는 물

» 맞춤형 빗물관리

» 다목적 분산형 빗물관리

» 홍익스타일 레인하우스

물순환 ———————————————————————————— 139

» 물순환과 빗물

» 마른 계곡에 빗물을 허(許)하라

» 비를 품은 땅

빗물은 돈───────────────── 150

» 빗물로 에너지와 돈 버는 방법

» 저탄소 정책의 효자, 빗물

» 밑져야 본전, 잘해야 본전

» 우군사부일체 (雨君師父一體)

» 물자급률 높일 빗물 이용

개도국 빗물 식수화───────────── 165

» '위아래, 위위 아래' 글로벌 환경기술의 생존전략

» 아시아 식수문제 해결사는 빗물

» 개도국 식수공급 프로젝트 성공의 조건

▶ PART 04 _ 물 수요관리

물절약───────────────────── 179

» 집에서 새는 바가지, 밖에서도 샌다

» 당신은 하루에 물을 얼마나 사용하십니까

» 비정상적인 물 사용량의 정상화

» 물절약, LPCD를 계산해보자

» 자신의 물 사용량을 모르는 당신은 물맹(盲)

수세변기를 깨자───────────── 194

» 수세변기를 고발한다

» 물 많이 잡아먹는 수세변기를 깨자

» 절수형인 듯 절수형 아닌 절수형 같은 환경부 정책

» 과대포장 절수형 변기 퇴출작전

▶ PART   05 _ 다목적 분산형 빗물관리

홍수 ───────────────────── 211

» 홍수, 새로운 진단과 새로운 처방

» 대심도 터널 수방대책의 불편한 진실

» 배탈의 해결법에서 본 홍수 대책

» 수해대책, 와플에서 답을 찾다

» 게릴라성 폭우에는 게릴라식 대응전략

» 태양광시설 만들다 생긴 물난리

» 호미로 막는 물관리

» '제2의 우면산'사태 막으려면

가뭄 ───────────────────── 235

» 가뭄대비 수요관리 대책 2020-200

» 도긴개긴 – 마른 소양댐과 적자 가계부

» 가뭄–홍수, 물관리의 집단적 건망증을 없애려면

» 효율적 빗물관리로 가뭄에 대비

폭염과 화재 ──────────── 247

» 폭염 잡는 빗물 모아서 필요할 때 쓰자

» 서울대의 물-에너지-식량이 연계된 옥상

» 불 나면 우리 건물의 빗물로 끄세요

» 산불방지를 위한 물과 불의 조화

» 산불재해 복구와 예방에 다목적유역 물관리를 도입하자

» '끓는 철판도시' 옥상녹화로 식히자

» 더운데 어디 이런 냉방기 없나요

수질오염 ──────────── 272

» 빗물 못 막으면 똥물 들어온다

» 축사지붕에서 받으면 식수, 밑에서 받으면 침출수

» 소하천 정비의 허상

비상시 물 공급대책 ──────────── 281

» 상수도 시스템의 신뢰를 회복하는 방법

» 비상시 물 정책은 각자도생 정책

» 연평도 군부대의 '우(雨)비무환'

미세먼지 ──────────── 293

» 새로운 패러다임의 미세먼지 대책이 필요하다

» 학교 미세먼지 대책 빗물관리에 답 있다

» 미세먼지 빗물관리로 줄이자

▶ PART 06 _ 대한민국의 하늘물 이니셔티브

수토불이(水土不二) 물관리 ——————————————— 305

» 수토불이(水土不二) 물관리

» 제헌절 노랫말 안의 비밀

» 세계 최고 빗물이용시설 한국에 있다

» 모두가 행복한 오목형 옥상녹화

» 비(雨) 해피 바이러스

» 기쁘다 하늘물 오셨네

» 대한민국 물의 날을 정하자

▶ 부록 _ 모모모 물관리 기획편 ——————————————— 327

» 화보 – 빗물 식수화 활동 소개

» 추천사

» 저자 소개

• PART 01

기후위기의
해결사는
빗물

• 새로운 물관리 패러다임

기후위기로 나타나는 홍수, 가뭄, 폭
염 등은 모두 빗물과 관련이 있으니
빗물관리를 잘하면 기후위기를 해결
할 수 있다.

새로운 물관리 패러다임

🌱 기후위기에 대비하는 새로운 물관리 패러다임 | 최근 들어 호주의 산불, 필리핀의 수퍼 태풍, 미국의 토네이도, 유럽의 폭염과 홍수 등 전 세계적으로 기상이변이 발생하고 있으며 그 빈도와 강도는 점점 더 심해지고 있다. 우리나라도 강남역 침수, 우면산 산사태, 강원도 고성의 산불 등을 보면 이것은 남의 일이 아니다.

기상이변이 왜 일어나는가? 현재 널리 알려진 이론은 홍수, 가뭄 등과 같은 기상이변의 원인은 지구온난화 때문이며, 그를 막기 위해서는 전 세계적으로 탄소를 감축해야 하는 것으로 귀결된다. 하지만 이때 개개인이 특별히 협조할 수 있는 일은 없다. 또한 탄소감축을 계획대로 한다고 해도, 그 효과는 100년 이후에나 나타날까 말까이며, 전 세계의 모든 나라가 협조 하는 것을 전제로 한다. 이와 같은 대책으로는 당장 강남역의 침수를 방지할 수 없으며 호주의 산불을 막을 수 없다.

하지만 새로운 시각이 점점 설득력을 가지고 있다. 기상이변이 발생하는 원인은 탄소 때문이라기보다는 우리의 도시에서 물 순환이 달라졌기 때문이라고 보는 것이다. 그렇다면 해결책은 있다. 개개인이 각자 자기가 사는 곳에서 도시의 물 순환이 잘 되도록 만들면 된다.

녹지를 개간하여 도시를 만들면 물 순환이 바뀌고 열섬현상이 일어나 더워진다. 나무나 풀을 베어내고, 빗물을 빨리 버리도록 만들었기 때문에 땅 표면에 물이 없어져서, 물이 증발산 될 때 기화열에 의해 시원해지는 효과가 줄어들었기 때문이다. 증발산 양이 적어져 국지적으로 구름을 만드는 물의 소순환 사이클에 물의 공급이 줄어든다. 그 결과 그 지역에는 비가 적게 오는 대신 다른 지역에는 더 큰 비가 오게 된다. 이것이 지역적으로 발생하는 기상이변의 원인을 잘 설명해줄 수 있다. 따라서 해결책은 탄소가 아니고 지역적으로 물이 잘 순환되도록 만들어 주는 것이다.

문제의 가장 큰 원인은 잘못된 빗물관리이다. 지금까지 빗물은 내리는 즉시 버려야 한다는 것을 전제로 사람들의 인식, 제도, 기술들이 만들어져 있다. 이 때문에 같은 강도의 비가 오더라도, 상류지역의 개발에 따라 하류에 홍수가 나는 것이며, 전국적으로 봄 가뭄이 발생하고, 지하수위는 내려가고, 땅의 표면이 말라서 먼지가 나고, 도시의 열섬화가 발생하고, 옛날에 멱 감고 놀던 실개천이 모두 다 사라지게 되었다.

문제를 알면 해결책이 보인다. 그것은 새로운 패러다임의 물관리, 즉 빗물관리를 하는 것이다. 지역에 떨어지는 빗물을 빨리 버리는 대신, 떨어진 자리 근처에 모아서 자연적으로 침투시켜 땅이 물을 품게 만들어, 가능한 한 천천히 흘러 나가도록 하는 것이다. 이러한 일들은 국토와 미래의 지속가능성을 생각하는 책임감과 의식을 가진 모든 사람들이 함께 나서서 하여야 한다.

우리나라는 전통적으로 빗물을 소중히 여기고, 측우제도 시행, 지방수령을 중심으로 하는 물관리 등 분산형의 빗물관리를 잘 해왔다. 그 결과 우리 선조로부터 삼천리 금수강산을 물려받은 행운을 얻게 되었다. 그 노하우를 전수받아 기후위기로 인한 고통을 줄이고, 우리 후손들에게 아름다운 강산을 물려주어야 할 것이다.

마을과 지역에서 다목적 분산형의 빗물관리를 시행하면, 지역에 맞는 시설을 만들면서 동시에 새로운 사업의 기회와 일자리를 만들 수 있다. 지금까지 무심코 버려 왔던 빗물이 수자원이 되고 기상재해를 예방할 수 있으니 이것이야말로 창조경제의 모범 사례가 될 것이다. 상류와 하류사람, 자연, 그리고 후손까지 모두가 행복한 홍익인간형의 새로운 패러다임의 기후위기 대책이다.

우리의 전통과 철학에 바탕을 둔 우리(雨里, rain village) 물 관리를 계승하면 후손에게 금수강산을 물려줄 수 있다. 그뿐 아니라 앞으로 기후위기의 위협으로부터 전 세계 사람들의 생명과 재산을 보호할 수 있는 해결책을 제시하면서 국격을 높일 수 있다.

🌱 폭우도 못 떼는 물 부족국가 딱지

요즘은 정말 비가 많이 온다. 지난 8월 한 달간 24일 비가 내리고 가을장마로 잠수교가 물에 잠기는 등 기후변화에 대한 우려가 여기저기서 현실로 나타나고 있다. 비가 이렇게 많이 오니 우리나라도 이제는 '물 부족국가'를 면하겠구나 하고 안도하는 사람이 있을 것이다. 그렇게 되면 이전에 물 부족을 근거로 내세워 만든 정부정책이나 사업들이 '물 풍요국가' 체제로 바뀌어야 할 것이다. 기후에 따라 현명하게 정책을 바꾸는 것이 당연하고 합리적이기 때문이다.

그런데 우리나라는 아무리 비가 많이 와도 물 부족국가다. 그 수치를 만든 정의(定義)와 그것을 사용하고자 하는 집단의 저의(底意)때문이다.

정부가 사용하는 정의에 따르면 물 부족국가인지 아닌지는 간단히 계산해볼 수 있다. 1인당 사용 가용량=연간 강수량×가용비율×국토의 면적/인구수다. 여기저기 발표된 수치를 보면 우리나라는 이 수치가 1500㎥ 정도 된다. 이 수치가 1700㎥/인/년

보다 적으면 물 부족 국가라고 한다. 이 공식에 의하면 물 부족 국가를 면하는 방법에는 세 가지가 있다.

먼저 공식의 분자에 있는 국토가 넓어지거나 인구가 감소해야 한다. 그런데 이는 현실적으로 불가능하다. 나머지 물 부족국가를 면하는 방법은 비가 많이 와야 한다. 현재 평균치인 1283㎜보다 약 150㎜ 이상 비가 더 내려야 한다. 즉 지금보다 15%이상 많아져야 물 부족국가를 면할 수 있다.

우리나라에서 홍수가 매년 더 많이 발생하더라도 물 부족국가 딱지는 금방 떼지는 못할 것이다. 30년 정도의 통계수치를 이용해야 한다고 주장하면 금방 물 부족국가 딱지를 떼기는 어렵기 때문이다. 또 정부에서 댐을 만들거나 4대강을 정비하더라도 이 수치가 늘지 않는다는 것은 수학을 할 줄 아는 초등학생도 다 알 수 있다.

물 부족국가라고 주장하는 집단의 저의(底意)를 보자. 이들은 근거가 희박한 수치를 이용해 "물이 부족하니 큰일났다"고 국민에게 겁을 주고 자기들이 원하는 정책으로 몰고 나가자는 생각이 바닥에 깔려 있다. 그들은 의사결정자의 주위에 소위 '물 전문가'로 자처하며 그들의 저의에 반하는 다른 의견을 차단하고 있다.

그 결과 의사결정자에게 들어오는 다른 정보는 몽땅 차단되고, 엉뚱한 소규모 집단의 의사표현이라고 치부한다. 현명한 의사결정자라면 간단한 곱셈만으로도 그들의 논리가 틀렸다는 것을 알 수 있다.

며칠 전부터 팔당에서 초당 8000톤의 물을 방류하고 있는데 하루(86400초) 동안 흘려버리는 양이 7억 톤 정도다. 이렇게 며칠만 방류해도 우리나라 물 부족량의 몇 년 치를 다 버리게 된다. 큰 물그릇인 댐이 정작 물을 저장하는데 한계가 있다는 사실이 증명된다. 물을 저장할 때는 강에 있는 몇 개의 큰 시설에서 모으는 것보다 전체 면(面)에 걸쳐 수많은 작은 물그릇인 빗물 저장시설에서 모으는 것이 낫다. 또 땅 자체를 스펀지로 보고 침투시설을 만들어 땅 속에 저장해야만 지하수로 나중에 쓸 수 있다.

근거도 없는 수치를 가지고 물이 부족하다고 국민에게 겁만 주는 집단에게 물 관리를 맡길 것인가 아니면 주어진 조건에서 물을 최적으로 관리하고 국민에게 희망을 주는 사람에게 물 관리를 맡길 것인가. 그것은 납세자이며 유권자인 국민에게 달렸다.

🌸 로만틱과 거리 먼 로마식 물관리

유럽의 관광명소 중 로마시대 수관교 유적이 있다. 옛날 로마 도시국가를 건설할 때 멀리서 수돗물을 공급하기 위한 수로를 만들면서 계곡을 가로질러 아름다운 다리를 만들었는데 지금은 교각만이 남아 있지만 그 덕에 후손들은 짭짤한 관광수입을 얻고 있는 셈이다.

100년 빈도의 강우에 대비해 만든
물 관리시설에 200년 빈도의 비가
온다면 그 시설은 안전성에 심각한
문제는 현실로 다가온다.

로마의 황제들은 경쟁적으로 수 많은 돈을 들여 수 백 ㎞에 달하는 수관교를 건설했다. 수관교는 지금도 토목분야의 최대 걸작 중 하나로 꼽히고 있으며, 그로 인해 로마인은 위대하다는 평을 듣는다. 하지만 그때 들어간 노동력이나 환경 훼손에 비하면 지금 얻는 수입은 동전 몇 푼에 불과하다. 이러한 대규모 수로의 건설과 물 공급을 거기에만 의존하는 도시계획은 지속가능하지 않다는 것을 무너진 유적으로 스스로 증명하고 있다.

유럽학회에서 초청받은 강연에서 로마의 멸망 이유 중 하나가 바로 수관교 때문일지도 모른다는 주장을 했더니 갑자기 분위기가 술렁거렸다. 하루라도 없으면 도시의 기능이 마비되는 그렇게 중요한 물의 공급을 수십 킬로 떨어진 외부에 의존하다보니 외적이 로마를 공격할 때 튼튼한 성곽 보다는 길게 늘어선 생명선을 공격하기가 쉬웠을 것이고, 그를 방어하기 위하여 예산을 소진하다 보니 직·간접적인 멸망의 원인이 되었을 것이라는 설명을 듣고 그제서야 수긍을 했다.

자연과 조화를 이룬 거대한 구조물을 만들면서 예술성과 기술성을 마음껏 발휘한 로마의 토목기술자는 아직까지 위대하다. 그러나 이런 식의 결정을 한 로마의 정치가는 매우 우둔하다. 지속가능성은 생각하지 못하고, 당시 세대의 영화만 생각했었기 때문이다.

서양의 선진국들은 대부분 로마를 동경하고 있으며 아직도 정치, 경제, 기술 등에서 로마의 철학을 근간으로 하고 있다. 즉, 물을 공급할 때 수관교와 같은 대규모 집중형 시설만을 고집한다. 후진국에 원조를 하더라도 그들의 방법을 고집한다. 지금 당장은 자기들에게는 좋을지 모르지만, 다른 사람들과 자연환경, 또는 심지어는 자신들의 후손에게 짐을 지워줄 만한 일이며 이런 방식은 지속가능하지 않다는 교훈을 모르고 있는 것이다. 이러한 것을 보면 로마식 물 관리는 전혀 로만틱하지 않다.

우리나라도 예외는 아니다. 근대에 들어와서 로마식의 서양 문물을 도입해 집중형의 물관리 시설을 만들어 왔다. 물론 그 덕분에 산업화가 빨리 이룩되고 국제적인 위상을 높인 것은 부인할 수 없다. 그러나 로마의 수관교 사례를 보면 그러한 시설들의 안전성과 유지관리비 부담에 대해서는 생각하지 않은 듯하다. 먼 훗날 자연이나 후손들에게 부담을 주는 것이 아닌지 반성해야 한다.

로마식의 집중형 물 관리시설에 의존하는 것은 기후변화나 도시 물공급의 안전성을 유지하는데 심각한 문제가 있다. 예를 들면 100년 빈도의 강우에 대비해 만든 물 관리시설에 200년 빈도의 비가 온다면 그 시설은 안전하지 못하다. 기후변화시대에 이러한 극한강우는 다반사로 일어나기 때문에 기존의 모든 물 관리 시설물의 안전성에 심각한 문제는 현실로 다가온다.

또한 많은 도시가 의존하는 광역상수도 시스템의 한군데에

문제가 생겼다고 생각해보자. 상수원에 오염물질이 유입되어 취수를 못한다든지, 펌프장이 고장이 나거나 수리를 위해 가동을 멈추든지, 관로의 일부가 사고나 고의로 인하여 파손된다든지 하면 거기에 의존하는 수십만 시민의 물공급 안전성에 심각한 문제가 발생하며 이러한 사례는 자주 현실로 나타나고 있다.

로마식의 집중형 물 관리는 유지관리비만 크게 되고 먼 훗날 노후화된 시설은 후손에게 짐이 되며 기후변화에 취약하게 된다. 이를 방지하기 위해서는 집중형 일변도의 로마식 물관리를 분산형과 적절한 조화를 하여 전체 시스템의 안전성을 높이고 후손에게도 피해를 주지 않는 물관리를 하여야 한다. 분산형 관리의 장점은 주식투자자나, 시장의 계란장사도 다 아는 위기에 대응하는데 사용되는 상식이다.

열악한 기후와 지형을 극복하고 우리 선조들은 후손에게 부담을 안주는 물관리 비법으로 삼천리 금수강산을 남겨줬다. 우리도 수 백년 후 어른 대접을 받기 위해서는 실패한 로마식 물관리를 버리고 성공이 검증된 우리 식의 물 관리를 해야 한다. 그 비결을 하나씩 찾아 나서보자.

우리나라의 사막형 물관리 정책

정부는 수도가 보급되지 않는 농어촌 지역에 상수도를 공급하기 위해 예산을 책정했다. 전 국민에게 안전한 물을 공급하는 것은 정부의 의무다. 그러나 그 방법에는 지역적 특수성이 고려돼야 한다.

우리나라 상수도 정책은 사막형 물 관리다. 일년에 1300㎜ 정도 오는 빗물을 고려하지 않고 마치 비가 오지 않는 사막의 나라에서 하는 물관리와 같다.

빗물의 수량적, 수질적 특성을 잘 살리면 누구에게나 가장 깨끗한 음용수를 값싸게 공급할 수 있다. 빗물은 소유권에 대한 분쟁도 없고, 처리와 운송에 드는 에너지도 적게 든다. 과거 수천 년 동안 해 왔듯 그렇게 하면 된다.

지금의 정책은 자기에게 주어진 물을 다 흘러버리고 우는 아이를 달래기 위해 다른 아이의 것을 빼앗아 주는 '멍청한' 어른과 같다. 각자 자기에게 떨어진 물을 최대한 받아서 쓰게 한 다음 모자란 것을 나눠 주는 것이 '현명한' 어른일 것이다.

현재 빗물의 계절적 불균형과 수질개선에 대한 연구가 진행되어 전 세계 비가 오는 어느 지역에라도 빗물로 상수도를 공급하는 것이 가능하다.

최근 환경부의 농어촌 지역 상수도 공급 계획은 빗물을 고려하고 있지 않다. 그 대신 하수 재이용, 광역상수도, 해수담수화 등의 시설만 고집하는 것이 마치 사막에서 하는 물관리와 같다. 국민의 세금을 최선의 방법으로 사용하는지, 보급 후 주민의 경제적 부담, 탄소과다발생, 에너지 절약면, 그리고 산간벽지에 공사를 위한 자연훼손 등도 우려된다.

사고나 기후변화에 대한 안전성의 보장도 미흡하다. 지금의 방법은 빗물은 고려하지 않고, 다만 아래로 내려간 더렵혀진 빗물을 돈과 에너지를 들여 처리한 후 위로 보내자는 것이다.

정부 당국에 비(非)사막형 상수도 공급에 대한 비교 시범사업을 제안한다. 농어촌 지역 두 곳을 택해 하나는 현재의 사막형 물 관리로, 또 하나는 빗물을 이용한 상수도를 만들어 공사비와 유지관리비, 시민들의 용인도, 비상시 대비 안전성 등을 비교하는 것이다. 무엇보다도 국민의 세금 부담을 줄이고 물에 의한 갈등을 해소할 수 있다.

빗물을 이용한 시설에서는 사막형 시설에 들어가는 시설의 공사비와 유지관리비의 20%만 들인다면 세계 최고의 수질의 물을 지역주민뿐만 아니라 자연과 후손에게도 보장할 수 있다.

빗물을 잘 이용하면 지역의 물 자급률을 확보하고 에너지를 줄이는 획기적인 상수도시스템을 만들 수 있다. 이 시범사업이 성공되면 동아시아나 아프리카의 물 문제를 해결하면서 저탄소 녹색성장의 세계 진출의 본보기가 될 것이다.

🌱 믿는 도끼에 발등 찍히지 않는 물관리

물관리에 있어서 불길한 상상을 해본다.

40일 동안 밤낮으로 비가 와서 전 세계가 물에 잠긴다면…댐이나 지하수 등 상수원이 고갈되거나 오염되어 도시에 물을 공급할 수 없다면… 지하수위가 낮아지거나 가축 살처분 등으로 지하수질이 오염되어 지하수를 쓰지 못한다면…100년 전 만든 엄청난 규모의 구조물이 수명이 다해 망가진다면…

500년 빈도의 비에 견디게 만든 댐에 1000년 빈도의 큰 비가 와서 댐이 파괴된다면, 사고나 테러 등으로 광역상수도 시스템이 고장 나서 도시에 물공급이 중단된다면, 골목에 묻힌 10년 빈도의 강우에 대비해서 만든 하수도에 20년 빈도의 비가 와서 골목이 침수된다면, 이러한 불길한 우려가 우리나라는 물론 전 세계적으로 현실화되고 있다.

역사적으로 보더라도 물 관리 당국의 실수나 무지로 인해 도시민들이 고통을 겪는 것은 물론 심지어 도시 전체가 흔적도 없이 사라진 사례를 보아 왔다. 이쯤 되면 시민들은 물 관리에 관한 한 믿는 도끼에 발등을 찍힌 셈이 된다.

하루라도 없으면 살수 없거나 불편을 겪는 물관리, 과연 우리의 물 관리는 안전할까? 우리의 물관리 시스템은 자연적, 인위적, 사회적 요인에 의해 심각한 도전을 받고 있다. 먼저 기후변화다.

이전에 적절한 규모로 잘 만든 배수시설 이라도 비가 더 많이 오면 당연히 용량이 부족해진다.

도시의 인구집중으로 지하수위가 내려가고, 수질오염 등으로 상수원이 줄어들어 원활한 수돗물공급이 어려워진다. 제 아무리 튼튼히 만든 치수 구조물도 시간이 지나면 수명이 다한다. 유가가 배럴당 20달러인 시대에 만든 에너지 많이 쓰도록 만든 물관리 시스템이 유가 상승으로 배럴당 100달러가 되면 만들어 놓고도 운전하기에 부담이 된다.

현명한 정부라면 이에 대한 대책을 정부 차원에서 시민들과 함께 고민하고 대책을 세워야 마땅하다. 그에 대한 해답을 새로운 패러다임인 빗물관리에서 찾을 수 있다.

첫째, 도시를 설계하고 관리할 때 물 자급률이라는 수치를 이용하자. 도시에서 연간 사용하는 물 가운데 도시 내부에서 조달할 수 있는 물 자급률의 목표를 스스로 정해 그것으로 관리하는 것이다. 도시 내에 떨어지는 빗물의 일부만 모아 두고 관리한다면 물 자급률을 높여 만약의 사태가 발생하더라도 큰 사회적 혼란을 피할 수 있다.

둘째, 이미 설치된 하수도나 하천의 용량을 증설하지 않고도 설계 강우빈도를 높일 수 있는 방안을 마련한다. 그것은 하수도나 하천으로 유입되는 빗물의 일부를 차단하고 모아뒀다가 수자원으로 이용하는 것이다. 이렇게 하면 수자원을 이용하는 양만큼 하천에서 취수를 하지 않아 하천의 동식물을 보호할 수 있으며, 그만큼 수송하는 에너지를 줄일 수 있으므로 저탄소 녹색성장에 딱 들어맞고 지역 고용도 만들 수 있는 일석 5조의 현명한 방책이다.

가뭄의 고통을 겪었던 태백시나 충청남도, 국지성 집중호우에 하수도가 침수되거나 하천이 범람된 지역, 지하수에만 의존하다가 지하수가 오염돼 물을 공급받지 못하는 지역, 해수담수화시설을 만들고 비싸거나 망가져서 사용하지 못하는 어촌 마을 등에서는 정부만 믿고 있다가 발등을 찍힌 격이다. 우리나라의 어느 도시도 이러한 우려에 자유롭지 못하다.

믿는 도끼에 발등을 찍힌 다음에 원망하지 말고 정부당국에서는 발등을 찍지 않도록 하거나 아니면 시민들이 미리 발을 피하는 방법을 찾아보자. 빗물관리가 바로 이런 일이다.

당장 시청에 전화를 해 물어보자. 우리 도시의 물 자급률은 몇 %인가. 이것을 서서히 늘릴 수 있는 방안은 무엇인가. 우리 도시의 어느 지역의 하수도나 하천은 몇 년 빈도로 설계됐으며, 앞으로 어디에 내릴지 예측할 수 없는 국지성 집중호우에 대해 어떻게 안전성을 확보할 것인가.

그리고 답을 해주자. 빗물을 모아 수자원도 확보하고 홍수에 대한 안전성을 높이도록 이미 앞장서서 빗물 조례를 제정한 '레인시티'에서 답을 찾아보자고.

우리나라는 물부족 국가라기보다는
물관리 부족국가이다.

무예의 고수에게 배우는 기후위기 적응법

최근들어 기후위기에 따른 홍수 피해 대책이 분분하다. 기후위기 대응이 공격에 대한 방어의 개념이라면 무예의 고수로부터 힌트를 얻을 수 있다.

무예에서는 무공의 깊이에 따라 상대방의 공격을 방어하거나 제어하는 방법이 다르다. 먼저 초보자는 맷집만 키운다. 상대방이 주먹으로 복부를 강타할 것을 생각하고 배에 힘을 팍 주고 있다가 생각한 것보다 더 큰 힘으로 치면 나가떨어진다. 또는 상대방이 배를 치는 대신 턱을 치면 그대로 질 수밖에 없다. 순진한 초보자는 상대방이 예측한 곳을 예측한 힘으로 쳐 공격할 것을 생각하다가 당하고 만다.

중급자는 상대방의 공격을 막거나 피한다. 상대방이 칠 곳을 미리 예측하여 거기에 방비하거나 피하면서 피해를 줄이는 방법을 사용한다. 싸움을 하되 지지는 않는다. 그를 위해 평소에 많은 훈련에 시간을 투자한다.

반면에 고수는 엎어치기를 한다. 상대방이 언제 어디를 공격하던 간에 그 공격을 피하는 것은 물론이고, 오히려 그 힘을 이용해 역으로 공격하는 것이다. 본인은 전혀 피해를 보지 않으면서 상대방의 힘을 이용해 상대방을 제압하는 방법, 이것이 고수의 실력이다.

기후위기에 대비하는 방법을 무예에서 대응하는 방법으로 생각해 보자. 여러 가지 시나리오에 대한 기후변화 예측 값은 기관마다 다르고, 또 우리나라에 맞는 예측치가 어떤 것인지 확인된 것은 없다. 예측만 하면서 아무런 방비를 하지 않고 있다.

홍수에 대비하여 도시 전역에 걸쳐 하수관거의 설계빈도를 10년에서 20년으로 높이는 방법은 초보자의 수준이다. 그런데 엄청난 돈과 시간을 들여 20년 빈도로 만들었을 때 더 큰 빈도의 비가 왔을 때는 마찬가지로 그대로 피해를 당할 수밖에 없다. 아무리 많은 돈을 들여도 안전성을 보장받을 수 없다.

중급자 수준은 하수관거의 설계 빈도를 높이면서 거기에 들어오는 물의 양을 적절히 분산시키는 것이다. 빗물펌프장을 이용하거나 빗물을 저류하거나 침투를 시켜 언제 어디서 오는 게릴라성 강우를 대비하는 것이다. 여기도 건설비나 유지관리비가 엄청나게 들어가지만 일년 중 비가 오는 며칠만 사용하게 된다. 땅 속 깊이 판 터널에 빗물을 모으면 더러운 빗물을 처리하고 퍼 올리는데 비용과 에너지가 들어간다.

산이 없는 일본이나 말레이시아에서는 다른 방법이 없다. 그러나 여기서 받은 물은 홍수조절용 외에는 사용하기 어렵다. 중급의 무예 수준이다.

이럴 때 고수라면 어떻게 할까 홍수로 인해 내려가는 엄청난 양의 빗물은 재앙이 되긴 하지만 잘만 모아 두면 그 다음해 봄에 훌륭한 수자원이 돼 가뭄 피해를 줄일 수 있다. 홍수도 막고 수자원도 확보하는 것은 상대방의 힘을 역이용해 공격을 하는 엎어치기 기술과 같다.

산이 많은 우리나라는 산 중턱에 깨끗한 빗물을 저장해 두면 그 위치 에너지를 활용하여 물을 유효하게 쓸 수 있다.

우리나라는 수천 년 동안 전체 국토에서 산 중턱 저수지나 논을 만들어 이와 같은 고수의 물 관리를 해왔다. 시대가 변하고 기술이 개발되고 있지만 기후변화 적응을 위한 고수의 물 대응법은 변하지 않는다. 재앙에서 축복으로 만드는 비법을 배워 그것을 현재에 적용해야 할 것이다. 기후위기 극복에 관한 한 고수의 선조를 둔 건 축복이다.

PART 02

물관리의
철학과
정책제안

· 물관리 철학

· 물관리 정책제안

· 모모모 물관리

우리 선조들은 최악의 기후 및 지형
조건을 극복하고 금수강산을 유지해
왔다.
그러한 물관리의 비결이 우리의 전통
과 철학에 살아 남아있다.

물관리 철학

마을 동(洞)자에 숨겨진 물 관리의 비밀

우리나라는 여름에 일 년 강우량의 3분의2가 집중되고 국토의 70%가 산지로 돼 있어 기후와 지형이 물 관리로는 최악의 상황이다. 그럼에도 불구하고 빗물을 잘 관리하면서 금수강산을 유지해 왔다. 그러한 물 관리의 비결이 우리의 전통과 철학에 살아남아 있다.

마을을 나타내는 洞자는 물 수(水) 자와 같을 동(同) 자로 이뤄졌다. 마을의 사람들은 모두 같은 물(水)에 의존한다는 것을 깨닫게 해주어 자발적으로 물을 낭비하거나 오염시키지 않도록 했다. 개발을 할 때도 물 관리를 최우선적으로 생각해 개발 전·후의 물 상태를 똑같게(同) 유지하라는 뜻도 지니고 있다.

하류에 홍수가 일어나는 것을 방지하기 위해 상류에서 빗물을 저장해 지하수를 충전시켜 천천히 물이 흘러나가도록 전국에 수많은 저수지와 둠벙을 만들어 놓았다. 이것은 홍익인간 철학과도 일치한다. 즉 물 관리를 할 때 상 하류 사이의 갈등, 자연과 인간과의 갈등, 세대 간 갈등 등을 유발하지 않는 모두가 행복한 물 관리를 실천해 왔다.

우리 국토를 손바닥으로 비유하면 큰 강은 굵은 손금, 작은 강은 가는 손금으로 볼 수 있다. 국토 전체면에 내린 빗물은 선으로 이뤄진 강을 통해 하류로 내려간다. 강물의 양은 빗물과 지하수가 흘러들어가는 양에 의존하므로 전체 유역에 떨어지는 빗물 관리를 잘 하면(면(面)적 관리) 강물의 양을 조절해서 강에 대한 안전도를 높힐 수 있다. 빗물관리란 빗물이 떨어진 그 자리에서 빗물을 저류하고 땅속에 침투시키는 것이다.

빗물관리가 강의 안전도를 높힐 수 있는 이유는 다음과 같다. 강의 시설물은 무작정 크게 만들 수는 없기 때문에 일정빈도의 강우에 대하여 설계된다. 이것은 기후변화에 의해 설계빈도 이상의 비가 올 때는 안전하지 않다는 것을 의미한다. 이를 보완하기 위해 전체 유역에서 빗물을 저류하거나 침투시키면 홍수량을 줄이고, 땅 속에 침투되어 저장된 빗물은 가뭄 때에도 일정량의 물을 강에 공급할 수 있다.

빗물을 뭉치게 해 한꺼번에 강에 들어가도록 하기 보다는 빗물의 힘을 나누어 천천히 들어가게 하면 홍수에 대한 안전도는 더욱 높아지고, 침식에 의해 흙탕물이 들어가지 않으므로 수질관리도 쉬워진다.

또 빗물관리를 하면 에너지를 절약할 수 있다. 빗물이 떨어진 자리 근처에서 모아서 쓰면 비교적 깨끗하기 때문에 처리와 운송에 드는 에너지가 적게 든다. 상수도, 하수처리수 재이용, 지하수, 해수담수화 등 다른 어떤 물 공급 방법보다 에너지가 적게 들기 때문에 비가 올 때 빗물을 최우선적으로 사용하도록 하는 것이 생활 속의 저탄소의 물 관리 방법이다.

빗물관리에는 부가적인 이득이 있다. 여름에 모아둔 빗물을 건물의 지붕이나 도로에 뿌려주면 열섬을 방지하는 효과와 냉방에너지를 줄이는 효과가 있다. 모아둔 빗물로 지역사회의 텃밭을 가꾸면 식량의 자급에도 도움이 되고, 음식물의 이동거리를 줄일 수 있다. 빗물저장조와 지역 텃밭을 지역주민들 사이의 소통의 장으로 만들 수 있다.

우리 국토에서 홍수와 물부족에 대한 대비를 4대강과 빗물관리에서 반반씩 분담하게 하면 4대강은 더 큰 투자 없이도 기후위기에 대한 안전도를 더욱 높일 수 있다. 국토 전체에서 물을 가두고 머금으면 지하수위가 높아져서 마른 실개천에 물이 살아나서 생태계도 더욱 좋아질 것이다.

우리 동(洞)자에 숨겨진 우리 선조들의 전통적인 물 관리 철학과 지혜에 첨단기술을 접목시킨 다목적이고 적극적인 빗물관리가 필요하다. 최고로 열악한 자연환경에서 하드트레이닝을 받으면서 개발된 기후변화 적응전략은 전 세계에서 많은 사람들의 생명과 재산을 보호해 줄 것이다.

▤ 다스릴 치(治)자에 숨겨진 물 관리 비밀코드

우리나라는 기후와 자연조건이 세계에서 가장 열악한 편에 속한다. 여름에 강우가 집중돼 홍수와 가뭄이 반복되고 국토의 70%가 산악지형으로 돼 있기 때문에 비만 오면 물이 한꺼번에 빠져나가 세계에서 물관리가 가장 어렵다.

그럼에도 불구하고 우리 선조들은 삼천리 금수강산을 남겨주셨다. 하드트레이닝을 이겨내고 우승한 챔피언처럼 열악한 자연환경을 극복한 우리 선조들만의 물 관리 노하우가 있었을 것이다.

다스릴 치(治)자에 대해 해석해 봤다. 한자에는 문외한인 사람의 이론이므로 한자 전문가, 역사학자, 사계 전문가들의 의견과 비판을 들어보고자 한다. 다스릴 치(治)자를 살펴보면 왼쪽에는 물 수변이 있고, 오른쪽 위에는 세모같이 생긴 글자와 아래쪽에는 네모와 같이 생긴 글자의 조합으로 이뤄져 있다. "물을 세모와 네모로 다스리라"고 해석해 봤다.

물 관리의 시작은 모든 물의 근원인 빗물로부터 시작한다. 산에 떨어진 빗물은 평야를 지나 강으로 가게 된다. 여기서 세모는

산을 의미하며, 네모는 빗물을 모으는 논이나 저류지로 땅에 침투시키는 것을 의미한다. 즉, 물을 다스릴 때 빗물을 버리는 것과 받아두는 것을 적절히 조화하면서 관리하라는 교훈이다.

우리 조상들은 전국에 많은 소규모 저류지를 만들어 빗물을 저장 및 침투시켜 물을 머금게 해 갈수기에도 하천으로 물이 공급되게 했다. 제언사라는 관청을 두고 제언 절목이라는 법률을 제정해 저수지를 만들고 관리하도록 제도화했다.

지금까지도 전국적으로 수만 개의 크고 작은 인공 저수지가 남아 있는 이유다. 그 결과 지하수위가 높아져서 과거에는 땅을 조금만 파도 물이 나오곤 했다. 시골의 개울가에는 항상 물이 흘러 물가에서 장난도 하고 가재를 잡고 한 기억이 있다.

그런데 지금 우리가 모델로 하고 있는 서양 이론에 기초한 빗물 관리는 버리기만 하고 모으지는 않는다. 땅에 떨어지는 빗물을 빨리 하수도나 하천으로 버리는 시스템이다. 빗물이 빨리 빠지도록 빗물펌프장을 만들어 비가 오면 모두 버리고 있다. 하천도 직강화해 빨리 버리는 기능만을 위한 시설을 만들고 있다. 그 결과 홍수가 발생하며 지하수위는 낮아지고 건천화와 심각한 가뭄을 불러일으킨다. 다스릴 치(治)자에서 세모만 하고 네모는 하지 않는 즉, 절름발이 치수(治水)를 하는 것이다.

현재와 같이 강을 위주로 하는 물 관리는 세모형의 버리는 물 관리다. 물을 다스리는 데 있어 유역 전체에서 빗물을 모으는 네모형 물관리가 부족하다. 우리의 물 관리 정책에 네모형의 빗물 모으기 정책이 하루 빨리 반영되도록 정부 차원의 대응이 시급하다.

선조들의 교훈에 따라 세모(버리는 일)와 네모(모으는 일)의 조화로 물을 다스리자. 그리고 이러한 노하우를 기후변화로 생명과 재산에 위협을 받는 다른 나라에도 알려주자. 그들로부터 존경받고 국격을 높이는 방법을 우리 선조들이 치(治)라는 글자 하나에 남겨준 것이라 생각한다.

4차원적인 물관리로 후손에게 금수강산 물려주기

우리는 선조들에게 금수강산을 물려받았다. 따라서 아름다운 국토를 후손에게 물려줄 책임이 있다. 과연 우리는 국토를 그에 걸맞게 잘 생각하고 관리하고 있을까?

국토란 겉에 보이는 흙과 경관만이 아니고 그 속에 들어 있는 물까지 포함해서 자연적인 물 순환 법칙에 따라 유지관리가 쉽고, 에너지가 적게 들도록 만들어야 만 우리는 물론 후손들의 부담을 줄이면서 삶의 질도 높일 수 있다.

최근 전 세계적으로 문제되는 홍수, 가뭄, 산불, 에너지 과다 이용, 수질오염, 상수원 등은 모두 물과 관련된 문제다. 우리가 국토와 더불어 물을 잘 관리하면 해결의 실마리를 찾을 수 있다.

강은 선(線)으로 이루어진 1차원이다. 현재 강의 관리개념은 홍수조절용으로만 생각해 연간 400억 톤의 물을 버리는 통로로만 이용되고 있다. 그 결과 다음해 봄에는 1~2억 톤의 물이 없어 가뭄으로 고생한다. 강이란 물이 많을 때만이 아니라 물이 적을 때도 문제없이 관리되어야 한다.

댐과 같은 중요한 하천시설물은 500년에 한번 오는 큰 비에 대비하여 크게 만들어져서 큰 비가 오지 않는 대부분의 시간에는 한계치 이하로 운전돼 비효율적일 수밖에 없다. 안전성 측면에서도 기후변화에 의해 더 큰 비가 오면 안전하지 못하다. 또 수명에 한계가 있어 먼 장래에 망가지는 것에 대한 위험이나 유지관리비에 대한 부담을 후손이 감수해야 한다. 이는 전체 유역에 떨어지는 빗물을 일차원적인 강에만 부담시킨 결과다.

빗물은 유역의 전체면(面)(2차원)에 떨어지는데 왜 선(線)으로 이루어진 강(1차원)에서 방어를 하나. 그것도 왜 수명과 안전도가 영구적이지 않은 소수의 대형 시설물에서 관리해야 할까. 왜 상수원을 수질관리도 하기 어려운 강에서 취수할까. 왜 멀리서 물을 가져오기 위해 에너지를 소모할까. 왜 비가 많이 올 때 물을 다 버려놓고 봄에는 물이 없다고 고생을 할까. 왜 자기에게 주어진 물을 다 버려 놓고 남에게 피해를 줘 지역 간 갈등을 일으킬까.

이러한 문제에 대한 해결책은 2차원의 유역관리에서 해답을 찾을 수 있다. 유역에 떨어지는 빗물을 떨어진 그 자리에서 받아 쓰면 아주 깨끗한 물을 에너지도 덜 사용하면서 쓸 수 있다. 남는 물은 땅속에 저장시켜 가뭄을 해소하고 만약의 사태에 대비할 수 있다. 한두 개의 대형시설에 의존하기보다 작은 여러 개의 시설에 분산해 관리하면 안전도도 증대된다.

이와 같은 빗물저류 시설은 작은 웅덩이, 논 등의 비교적 저렴한 시설로부터 건물의 빗물 저장조 같이 값이 드는 시설까지 있다. 규모가 작기 때문에 비교적 큰 기술이 필요하지 않으므로 지역의 작은 업체가 시공할 수 있다.

지하수위까지 함께 고려하는 3차원적인 생각을 해보자. 옛날에는 땅을 파면 어디서나 물이 나올 정도로 우리의 땅은 물을 머금고 있었다. 촉촉한 곳에서 식물과 동물이 같이 자라서 생태계를 유지했다. 그러한 지하수가 도시화와 개발에 의해 전국적으로 낮아지고 있다. 지표면은 메말라서 거기 살던 동식물들이 하나씩 없어져 가는 것이 눈에 보인다. 마른 땅에서는 폭염이 발생하고 미세먼지가 발생한다. 하천을 보충하는 지하수가 부족해 건천화의 원인이 된다. 지표면의 물기에 의존하고 있는 자연생태계와의 갈등을 유발하고 있는 셈이다. 지하수를 퍼 쓰거나 개발을 하면서 지표면을 변경시킬 때는 그만큼 빗물을 침투시켜 지하수를 보충 하는 3차원의 국토관리를 해야 한다.

시간을 도입한 4차원의 국토관리를 생각해보자. 지금 우리 세대는 원하는 대로 개발하고 즐기고 가면 그만이지만 그 부담은 고스란히 후손에게 넘겨진다. 따라서 에너지와 비용이 많이 들면서 후손에게 부담을 주는 방법은 세대 간 갈등을 유발하게 될 것이다.

우리의 국토와 물관리에 대한 지금까지의 하천관리 위주의 1차원적인 관리에서부터 유역, 지하수, 그리고 후손들까지 고려하는 고차원적인 관리를 해서 아름다운 금수강산을 우리 후손에게 물려줘야 한다. 그래야만 지역 간의 갈등, 환경과의 갈등, 세대 간의 갈등을 미리 줄일 수 있을 것이다.

히딩크식 물관리– 멀티플레이어 전략

2002년 월드컵에서 대한민국 축구가 4강에 오르는 쾌거를 이루었다. 그 배경에는 히딩크라는 감독이 있었다. 그는 멀티플레이어라는 전략을 가지고 왔다.

삼류 동네축구팀의 수비수와 공격수는 자신의 포지션만 지키면 된다. 반면 일류 팀의 특징은 포지션을 가리지 않고 게임 전체의 흐름을 파악하고 기회를 잡아 골을 넣는 것이다. 즉, 멀티플레이어가 되는 것이다. 그들에게 경기의 목표는 자신의 포지션을 지키는 게 아니라 팀의 승리다.

새로운 패러다임의 4차원 물관리
는 지역간의 갈등, 환경과의 갈등,
세대간의 갈등을 미연에 줄일 수
있다.

우리나라는 홍수와 가뭄 등 매년 물난리를 겪고 있다. 홍수 방지를 위해 댐의 건설, 하천개수, 빗물펌프장 증설 등에 많은 예산을 쏟아 붓지만 정작 사용하는 날은 일 년에 며칠밖에 안 된다. 또 가뭄이 들면 관정을 파거나 물을 공수하는 대책으로 예산을 퍼붓는다. 공격수는 공격만 하고 수비수는 수비만 하는 삼류 축구와도 같다. 그런데 삼류 축구가 유지되는 이유는 수준이 비슷한 삼류 관객이 있기 때문이다.

홍수와 가뭄이 반복되는 우리나라의 물관리에 히딩크식 멀티 플레이어 전략을 적용해 보자.

일 년에 몇 번뿐인 홍수에만 신경 쓸 것이 아니라 일년 내내 유익하게 쓸 수 있는 방법을 찾는 것이다. 그것은 간단하다. 비가 많이 올 때 모아뒀다가 이후에 천천히 내보내는 것이다. 사실 그런 역할을 하도록 기용된 대표선수가 하나 있다. 바로 '댐 선수'다. 하지만 댐은 자기 포지션만 고집해 홍수 때에만 사용한다. 다른 지역에서 물이 넘치거나 모자라는 것에는 사용되지 않는다.

어떤 선수는 물절약 포지션에만 집착하고 있어서 물이 많거나 적거나 절약만을 외친다. 지하수위가 점점 낮아지고 도시 소하천이 말라가고 산불이 발생해도 이에 대한 대책은 별로 없다. 수질오염 관련 부서에서는 수량은 고려하지 않고 수질 분석만 잘하면 된다는 생각이다. 한쪽에서는 저탄소만 외쳐댄다. 이 모든 게 전반적인 게임의 흐름을 파악하지 못한 채 자기 포지션만 지키면 그만이라고 생각하는 삼류축구팀의 모습과 같다.

그렇다면 물 관리에 멀티플레이어 전략을 적용하는 것은 무엇일까. 비가 많이 올 때 최대한 많은 곳에 빗물모으기 시설을 설치하는 것이다. 홍수 때에는 빗물을 모아 지하수를 보충해 하천의 건천화를 방지하고 그 물을 이용해 친환경시설을 조성하는 것이다. 그렇게 하면 도시의 열섬현상도 방지할 수 있다. 모아 둔 물은 산불 등 화재에 대비해 유용하게 사용할 수 있다.

그런데 이 같은 전략은 전혀 새로운 것이 아니다. 논농사는 홍수, 가뭄 등 복합기능을 가진 최고의 물 관리 방법 중 하나다. 세계적인 모범사례인 서울 광진구의 '스타시티' 빗물관리시설은 홍수, 가뭄, 비상용수 등을 대비한 다목적 시설이다. 수원시를 비롯한 여러 도시에서는 빗물을 다목적으로 이용 하도록 빗물조례를 제정하였다.

일류 시민이 일류 물 관리를 만든다. 열악한 지형과 기후조건에서 수천년을 버티면서 삼천리 금수강산을 이루어 놓은 우리 선조들이야말로 멀티플레이어 물 관리의 일류 시민이다. 이러한 한국식 멀티플레이어 물 관리 기술은 기후변화로 고통 받는 전 세계 물 문제를 해결하고 생명과 재산을 보호하는 데 큰 활약을 할 것이다.

뭉치면 적, 흩어지면 친구

스포츠나 게임에서 '뭉치면 살고 흩어지면 죽는다'는 말이 있다. 시합에서 이기기 위해서는 공격할 때 뭉쳐야 하고, 수비를 할 때에는 상대방의 힘을 분산시키는 작전이 필요하다. 빗물과의 전쟁에서도 이 말이 통한다. 빗물의 양과 힘을 분산시키고 모든 사람이 힘을 합치는 빗물관리가 필요하다.

현재의 방법은 모든 빗물을 빨리 하천에 몰아넣고 하천에서 방어하는 셈이다. 이 경우 비가 설계치보다 많이 오면 하천의 댐이나 제방을 더 높고 튼튼하게 만들어야 한다. 비는 매년 오기 때문에 일 년 이상 걸리는 공사로는 다음 해의 홍수에 대한 안전성을 보장하지 못한다.

하천을 직강화 하는 것은 이적행위와 같다. 빗물의 에너지를 분산시켜 주는 자연석을 빼내고 콘크리트로 반듯하게 빗물의 고속도로를 만드는 것은 분산되어 내려온 적의 힘을 뭉치게 해 준 셈이기 때문이다. 힘이 세진 빗물은 내려가면서 토양을 침식하여 흙탕물을 아래로 내려 보낸다. 직강화 공사를 한 구간에서는 물이 잘 빠져 피해가 없을지 모르나 하류에서는 뭉쳐진 빗물의 엄청난 에너지로 인해 큰 타격을 받을 수 있다. 한국처럼 산지가 많은 곳에서는 더욱 위험하다.

기존의 빗물의 힘을 뭉치게 하는 관리방법으로는 하류 제방의 붕괴 위험은 물론 흙탕물로 인한 생태계 파괴 등으로 국민 모두가 계속 비용을 부담해야 한다. 이와 같은 방법은 안전하지도, 지속 가능하지도 않다.

힘이 세진 빗물을 하천에서 막는 것이 아니라 빗물이 떨어진 자리에서 힘을 최대한 분산시킨 다음 막아 보자. 빗물이 떨어지는 모든 면에 걸쳐 빗물을 담아 두고 땅속에 침투시키면 빗물의 유출량과 에너지를 분산시켜 피해를 줄일 수 있다.

하천의 자연 상태를 유지하도록 빗물의 힘을 줄여 주자. 에너지가 약해진 빗물은 기존의 하천에서 쉽게 감당할 수 있어 하류에 홍수나 흙탕물의 피해를 줄여 줄 수 있다. 일단 다스려진 빗물과 땅속에 보충된 지하수는 사시사철 좋은 친구가 될 수 있다.

이러한 방법은 우리에게는 전혀 새롭지 않다. 우리 선조들은 산기슭에 크고 작은 저수지를 만들고 논을 만들어 빗물을 가두고 땅속에 침투시켜 빗물의 양과 에너지를 분산시켜왔다.

중요한 것은 전 지역에 걸쳐서 모든 사람이 동참해야 한다는 점이다. 홍수의 위험이 없는 상류에서도 하류지역의 사람을 생각해 빗물을 분산시키는 시설을 만들어야만 전체의 피해를 줄일 수 있다. 빗물을 분산시켜 다스리는 빗물관리의 철학을 이해하고 그에 따른 제도와 시설을 만들어야 한다.

빗물과의 싸움에서 살아남기 위해서는 빗물의 힘을 분산시키고 국민이 뭉쳐야 한다. 비를 다스리느냐, 다스림을 받느냐는 우리의 선택에 달려 있다.

빗물은 가장 깨끗하고 가장 높은
위치에너지를 가지고 있는 공짜물이
기 때문에 빗물관리를 잘하면 모두
가 행복한 물관리를 만들 수 있다.

위에서 모으면 '흑자', 밑에서 모으면 '적자'

최근 들어 기후위기를 극복하기 위한 저탄소 녹색기술의 대안으로 빗물 모으기가 각광받고 있다. 방법론적으로 빗물을 어디에서 모으는 것이 좋은지 고민하게 된다. 이에 대한 해답을 수질적인 측면과 에너지적인 측면에서 생각해 보자.

세상에서 가장 깨끗한 물은 지붕이나 계곡에서 받은 빗물이다. 산성비는 땅에 떨어진 다음 쉽게 중화되며, 황사 등 입자상 물질은 침전으로 쉽게 제거된다. 빗물을 위에서 모으면 빗물의 유통경로가 짧기 때문에 하천에서 문제시되는 오염물질은 거의 발견되지 않는다. 위에서 모은 깨끗한 빗물은 마실 수 있고 텃밭을 가꾼다던가 냉각용수로 사용할 수 있다.

반면 빗물을 "밑"에서 모으면 도로의 타이어가루, 먼지, 기름, 농경지의 비료나 농약성분이 섞이게 된다. 수처리비용은 오염물질의 양에 비례하므로 밑에서 모으면 처리비용이 많이 든다.

에너지 측면에서 봤을 때 위에서 모은 빗물은 에너지를 생산하거나 이용할 수 있는 장점이 있다. 물레방아를 돌리거나 자연폭포를 만들 수 있다. 빗물을 위에서 모았다가 천천히 흘려주면 토양침식도 막을 수 있다. 하천의 흙탕물을 줄여주면 이를 정화하기 위한 비용도 절감된다.

반대로 밑에 모은 빗물을 사용하려면 도리어 처리해서 퍼 올리느라 에너지를 소비해야 한다. 그 외에 규모가 커진다는 단점이 있다. 여러 곳에서 내려오는 빗물을 한꺼번에 받아야 하기 때문이다. 그 시설을 위한 공간을 만들려면 예산과 시간이 많이 들고 민원도 발생한다. 반면 위에서 모으면 규모가 작아져서 예산도 줄고 민원도 줄일 수 있다.

안타깝게도 우리나라의 정책은 밑에서 모으는 것 일변도이다. 환경부는 하천오염방지용으로 하천에 들어가기 직전에 더러워진 빗물(비점오염원)을 커다란 시설을 두어 처리하도록 하고 있다. 홍수방지용으로 하천 근처에 저류지를 계획하고 있다. 단지를 만들 때에도 그 하류 부분에 커다란 유수지를 만든다. 모두 다 에너지를 잃어버린 더러운 빗물을 밑에서 모아서 한 가지 목적에만 사용하겠다는 발상이다.

수질과 에너지의 관점에서 빗물 모으기에 좋은 장소는 위쪽이다. 다행스럽게 우리나라는 산이 많이 있다. 산지가 많은 우리나라의 실정을 감안해 산중턱 빗물 저장조를 제안한다. 작은 굴을 뚫어 저장하거나 아니면 산비탈을 평평하게 만들어 100~500톤 규모의 튜브형 저장조를 설치하는 것이다. 지역마다 여러 개를 만들어 여름에는 빗물을 저장한 후 가을, 겨울에 천천히 하천으로 흘려보내거나 지하로 침투시키든지, 비상시에 사용하도록 한다. 봄에는 산불에 대비할 수도 있다. 규모가 작기 때문에 커다란 초기 투자가 필요하지 않으며 지역의 일거리도 만들 수 있다.

물을 밑에서 모은다는 생각을 바꿔 위에서 모으는 빗물정책으로 바꾼다면 일석오조의 방안을 찾아낼 수 있을 것이다. 그러면 국민의 세금부담을 줄이고 기후위기에 대비한 안전성을 높일 수 있다.

우리 속담에 호미(위에서)로 막을 것을 가래(밑에서)로 막지 말라는 말이 있다. 빗물 관리를 두고 한 말이 아닌가 생각된다. 다시금 우리 조상들의 슬기와 지혜에 고개가 숙여진다.

📎 빗물관리 철학의 진화: 님비, 핌피, 해피

빗물을 밑에서 모으면 혐오적인 님비(NIMBY: Not In My Back Yard) 시설이지만, 위에서 모으면 돈을 버는 핌피(PIMFY: Please In My Front Yard) 시설이 될 수 있다.

지금의 빗물관리 시설인 유수지, 빗물펌프장 등은 전형적인 님비 시설이다. 즉, 설치는 하되 더럽고 위험하기 때문에 내 집 안에서는 하지 말라는 것이다. 할 수 없이 세금으로 비싼 땅을 사든지, 강제로 수용하여 주민과의 갈등의 원인이 되기도 한다. 하지만 일년 중 비가 많이 오는 며칠을 위한 시설의 건설비용 및 추후에 드는 유지관리비는 엄청난 부담이다. 빗물에 대한 잘못된 상식만 바로잡으면 내 집 안에 설치해 달라고 하는 핌피 시설로 바꿀 수 있다.

첫째, 산성비에 대한 오해이다. 산성비라도 땅에만 떨어지면 즉시 중화가 되기 때문에 '한번 산성비는 영원한 산성비'가 아니며, 그 산성도는 주스나 콜라 등 음료보다 훨씬 약하기 때문에 이용을 하는 데 전혀 문제가 없다. 둘째, 자연계의 물순환을 생각해볼 때 빗물은 마일리지가 짧은 가장 깨끗한 물이다. 셋째, 하천변이 아닌 상류에 설치하면 홍수 방지, 물부족 해소, 비상용수 확보 등 다목적으로 사용할 수 있다. 넷째, 여러 개의 작은 시설로 분산 설치하면 지형에 맞게 자투리 공간을 값싸게 이용할 수 있다. 다섯째, 펌프나 수처리에 비용이 전혀 들지 않는다.

머리만 잘 쓰면 큰돈 안 들이고도 빗물관리 시설을 만들 수 있다. 서울 광진구의 한 주상복합건물에서는 용적률 인센티브를 제공 함으로써 3000t짜리 빗물탱크를 만들어 홍수 방지용, 수자원 확보용, 비상용의 다목적으로 사용하고 있는데 세금 한푼 안 들어갔다. 또는 여름에만 한시적으로 건물의 지하 주차장에 주차장 2~3면 정도를 활용하면 100t짜리 간이 저장조는 금방 만들어진다(주차장 1면의 부피: 너비 3m×길이 5m×높이 3m=45t). 건물에 설치된 홈통 하나당 1t짜리 빗물저금통을 만들어 빗물을 받으면 일년에 약 100t 정도의 수자원을 확보할 수 있으니 10개의 홈통이 있는 건물에서 일년에 1000t씩 물을 확보하거나 홍수 유출을 방지할 수 있다. 여기에 예술적 감각이나 미적 감각을 합하여 정원에 아름다운 조형물이나 분수 등을 만든다면 건물의 상징물로 승화될 수 있다. 만약에 쓰지 않는 땅 1만㎡의 둘레에 약 50㎝ 정도의 턱을 만들면 큰 돈 안들이고 5000t의 댐을 만든 것과 마찬가지이다. 이것을 이용하면 주민과 정부 모두 행복한 (Happy) 빗물관리를 할 수 있다. 만약 땅주인이 자발적으로 빗물시설 설치 장소를 무료로 제공하고 빗물시설에서 얻는 편익의 일부를 시설비에 조금 보탠다면 정부에서는 토지구입비와 공사비, 관리비 등 세금을 절약할 수 있다. 여러 곳에 분산 설치된 시설물의 유지관리는 지역 어르신들의 일자리로 만들 수 있다. 이와 같은 방법으로 아주 적은 비용으로 빠른 시일 안에 지역적인 물문제를 해결할 수 있다. 그것이 가능한 이유는 빗물이 가장 깨끗하고 가장 높은 위치에너지를 가지고 있는 공짜 물이기 때문이다.

빗물을 밑에서 모으면 돈만 낭비하는 혐오적인 님비(Not In My Back Yard)시설이지만, 위에서 모으면 에너지와 수자원 등 돈을 버는 시설이 되며 누구나 환영하는 핌피(Please In My Front Yard) 시설로 만들 수 있다. 이에 따라 정부에서는 물관리 정책의 패러다임을 바꿀 필요가 있다. 올바른 정책과 기술을 개발할 수 있도록 과거 침수피해가 있었던 어느 한 유역의 상류를 대상으로 시범사업을 수행하도록 예산을 배정할 것을 정부 당국에 제안한다. 여기서 만들어진 모두가 해피(Happy)한 정책과 기술은 우리나라 물문제의 근본적 해결책이 됨은 물론이고, 기후위기의 위험에서 전세계인의 생명과 재산을 보호하는 또다른 한류가 될 것이다.

모두가 해피(Happy)한 정책과 기술
은 우리나라 물문제의 근본적 해결책
이 됨은 물론이고, 기후위기의 위험
에서 전세계인의 생명과 재산을 보호
하는 또다른 한류가 될 것이다.

고수의 기후위기 대응법은 변하지 않는다. 재앙에서 축복으로 만드는 비법을 배워 그것을 현재에 적용해야 할 것이다.

물관리 정책제안

국토의 물 자산관리

우리 국토의 자산은 땅과 물로 이루어져 있다. 물과 관련된 자산의 목록에는 보이는 물(하천수, 지하수)과 보이지 않는 물(토양수, 식생수, 대기수)이 있다. 이러한 각각의 물의 요소들이 서로 상호작용을 하면서 균형을 맞추어 생태계와 기후를 유지하고 인류에게 용수를 제공해왔다. 이 모든 물의 순환은 빗물로부터 시작된다.

이러한 요소들을 개인의 자산으로 비유하면 쉽게 설명할 수 있다. 일 년에 내리는 빗물은 성과급 연봉이다. 가뭄은 연봉이 줄어든 것과 같다. 대부분의 빗물은 우리 국토에서 증발된 구름에서 만들어지니, 많이 증발을 시켜 구름을 만들어 비가 오게 하는 것은 개인이 열심히 일을 하여 연봉이 많아지는 것과 같다. 가끔 먼 바다에서 오는 태풍은 보너스와 같다. 하천수는 바로 사용할 수 있으니 현금과 같다. 지하수는 과거 조상들이 차곡차곡 쌓아둔 현금성 유산과 같다. 토양수, 식생수, 대기수는 귀중한 재산이긴 하지만 곧바로 현금으로 사용할 수 없는 유가증권과 같지만 그 양은 강물의 양보다 훨씬 더 많다.

지금 우리의 물 관리는 철없는 가장이 자산을 관리하는 것과 같이 어리석다. 하천에서 물을 퍼서 도시의 상수도로 사용한 후 하수로 내보낸다. 하수처리를 해서 강으로 보내면 하천에 흐르는 수자원의 양은 같지만 하류로 갈수록 수질이 나빠진다. 상수원을 상류로 옮겨야만 하는 이유다. 비가 많이 올 때 강을 통해 바다로 다 버린 후, 가뭄이 되면 물 부족을 겪는다. 이것을 방지하려면 물절약으로 사용량을 줄이고, 빗물을 떨어진 자리에 모아두는 것을 최우선으로 하여야 한다.

지하수는 과거 수십, 수백 년 동안 빗물이 땅속에 스며들어 만들어진 것이다. 선조들이 남겨준 유산과도 같다. 지하수위를 일정하게 유지하기 위해서는 빼내는 만큼 다시 빗물로 채워 넣어야 한다. 도로나 지붕으로 덮인 도시에서는 빗물을 보충하지 못해서 지하수 수위는 점점 더 떨어진다. 조상이 남겨준 유산을 생각 없이 써버리는 셈이다. 우리 후손도 우리가 받은 만큼의 유산을 받게 해줄 의무가 있다.

지표면 근처 땅속의 공극에 있는 토양수는 천천히 하천으로 물을 공급해서 겨울에도 하천이 마르지 않게 해준다. 토양수의 양은 하천에 있는 물의 양보다 훨씬 많다. 국토 전역의 지표에서 골고루 올라간 수증기는 적당한 구름이 되어 다시 적당한 비를 고르게 뿌려준다. 하늘에다 구름의 씨앗을 뿌린 셈이다. 또한 촉촉하게 젖어 있는 땅은 기화열에 의해 더위를 식혀준다. 빗물을 모두 내다 버려 바짝 마른 도시는 증발하여 기화열을 만들 토양수가 없어 폭염이 발생하고 그만큼 증발하는 수증기의 양이 줄어서 비가 적게 오는 악순환이 계속된다. 식물의 내부에 있는 식생수는 증산작용을 통한 기화열로 대기를 시원하게 해준다. 수증기는 다시 구름이 되었다가 비가 되어 내려온다. 나무가 많은 숲속이 시원하고 물이 많은 이유다. 대기수는 구름이 되어 태양의 직사광선을 막아주고, 비가 오게 한다.

지금 우리는 빗물을 성가신 존재로 여기고, 모든 건물, 도로, 산지, 밭에서 빨리 강으로 내다버리고 하천수를 주요 관리 대상으로 삼고 있다. 이것은 번 돈의 일부를 저축하는 대신 모두 다 써버리고, 없을 때는 굶는 것과 같다. 수증기를 적게 증발시켜서 구름이 안 만들어져서 비가 적게 오는 것은 열심히 일을 안 해서 성과급을 못 받는 것과 같다. 지하수 수위를 빗물로 채워 넣는 것은 후손에게 유산을 남겨주는 것과 같다.

우리나라 물 자산을 분석해보면 물 관리의 우선순위를 결정하는데 도움을 줄 수 있다. 총 물 자산의 90%는 토양수와 대기수 등 보이지 않는 물이다. 하천에 담겨져 있는 물의 양은 65

억 톤으로 총 자산의 2.7%밖에 안 된다. 일 년에 내린 빗물의 양 1,270억 톤에 비하면 매우 작은 수치다. 지하수는 후손에게 물려주어야 할 유산이므로 예전보다 수위가 내려 간 만큼의 양을 적자로 계산해야 한다.

이러한 현상은 지금 우리나라의 잘못된 수자원 정책의 결과다. 수자원 계획에서는 하천수와 호소수와 같이 눈에 보이는 물만을 고려한다. 빗물은 빨리 버려야만 하는 폐기물로 관리되고 있다. 지하수는 개발해서 빼 쓸 것만 고려하고, 집어넣을 생각을 하지 않는다. 물 자산의 대부분을 차지하고 있는 토양수 및 식생수, 대기수 등은 고려하지 않고 있으므로, 그러한 물의 요소들이 하천수 호소수 등 보이는 물과 어떠한 상관관계가 있는지는 더욱 더 고려하지 않는다.

물 관리 방법의 새로운 패러다임이 필요하다. 빗물을 모든 수자원의 근원으로 생각하고, 가급적 떨어진 자리에서 최대한 저장하여 토양수로 채우거나 낮아진 지하수를 보충하고 나서, 넘치는 물만 강으로 보내야 한다. 도시 전역에서 골고루 수증기가 증발하게 하여 소규모 구름을 만들어 다시 비가 내리는 물의 소순환을 많이 만들어야 한다. 토양수와 식생수의 기화열을 잘 이용하여 폭염도 대비해야 한다.

가정에서 수입에 맞추어 규모 있게 지출하고, 남는 것을 저축해야만, 후손에게 많은 유산을 물려줄 수 있는 것처럼, 국토의 물 관리를 잘하기 위해서는 물 자산의 각 요소의 특성과 상관관계를 고려한 새로운 패러다임의 물 관리 방법을 기초로 한 법과 정책을 만들 필요가 있다. 그러면 폭우, 가뭄, 폭염 등의 기후위기를 극복하고 능동적으로 기후를 회복할 수 있는 실마리를 찾을 수 있다.

윗물이 맑아야 아랫물도 맑다

수 천년 동안 어려운 물 관리 여건 속에서 살아온 우리 선조들은 그들의 경험을 속담이나 격언으로 남겼다. 그 중 '윗물이 맑아야 아랫물도 맑다'는 말이 있다. 이 말에 지속가능한 물 관리 방법에 대한 교훈이 있다. 위에는 '높이'에 따른 위가 있고 '위치'에 따른 위가 있다. '지위'에도 위, 아래가 있다.

산에 내린 빗물은 들판을 거쳐 강으로 흘러 들어간다. 아래 있는 강이 맑으려면 위에 있는 산과 들이 맑아야 한다. 만약 산이 더러우면 강물도 더러워진다. 물을 들판에 있는 논이나 밭을 거치게 해서 되도록 천천히 흘러 들어가게 하면 하천의 수량을 일정하게 하고 오염을 줄일 수 있다. 반면에 강에서 아무리 잘 처리한다고 해도 상류의 오염은 해결하기 어렵다. 우리 선조들이 집을 산 밑에 짓고 가정오수를 앞에 있는 들판을 거쳐 정화시켜서 강으로 보내는 이치를 반영한 '배산임수'의 전통도 하천의 오염방지를 위한 치밀한 계산의 결과라 할 수 있다.

강에도 상류와 하류가 있다. 위가 맑으면 아래까지 전체가 맑아지는 반면 아래만 맑게 한다고 저절로 위까지 맑아지진 않는다. 위로 갈수록 유량이 작기 때문에 간단하고 작은 시설로 정화가 가능하며, 주민들의 협조를 받아서 유지관리하기 쉽다. 혹시 한두 군데 실패를 하더라도 전체의 안전성에는 크게 영향을 미치지 않는다. 위가 깨끗하면 아래까지 아무런 에너지도 들이지 않고도 깨끗하게 할 수 있다. 우리 선조들은 상류나 지천에 '물챙이'라는 것을 만들어 내려가는 물을 위에서부터 정화시키는 방안을 고안하기도 했다.

물론 아래에서 깨끗한 물을 퍼서 위로 보낼 수는 있지만 비용과 에너지가 많이 든다. 밑에서 관리하려면 작은 오염물질이 들어오더라도 많은 유량과 섞이므로 전체 유량을 모두 정화해야만 깨끗해진다. 또 아래서 처리하려면 시설이 커져야 하므로 안전성 확보를 위해 비용이 많이 들고 만약 문제가 발생하면 그에 따른 위험도 집중된다.

위 아래는 지위의 높낮이에도 해당된다. 위에서 방향을 잘 잡아 줘야 전체가 잘 된다. 만약 위에서 방향을 잘못 잡게 되면 아래에서 아무리 잘 해도 결과는 나쁘게 된다. 물 관리의 최고 책임자의 올바른 판단과 결심이 필요한 셈이다.

우리 선조들의 말에는 모두 자연의 법칙에 순응하려는 생활

철학이 녹아들어 있다. 서양에서는 지속가능한 방법을 찾고 있지만 우리는 이미 선조들의 검증된 답을 알고 있다.

지속가능한 물 관리를 위해서는 위를 맑게 잘 관리해야 한다. 이는 동서고금을 통해 자연과 인간 모두에게 해당된다. 위를 맑게 하면 에너지 사용을 줄이고, 전체가 깨끗해지고 생태계가 살아나는 저탄소 녹색성장을 실천할 수 있다.

다행스러운 것은 자연의 위아래는 영원히 바꿀 수 없지만 인간사회에서는 그것이 가능하다는 점이다.

치산이 빠진 절름발이 치수정책

비오는 겨울 관악산에 올라가보니 땅바닥은 물론 계곡의 물이 모두 말라 있었다. 바닥에 수북이 쌓인 낙엽을 들춰내니 빗물은 마른 땅을 적시지 못한다. 어렸을 때 계곡에서 가재 잡고 물장구치고 하던 추억이 있었건만 지금은 그런 추억은 커녕 계곡에 살던 물고기, 식물, 동물은 물론 그 계곡을 기반으로 한 생태계가 모두 죽은 셈이다. 계곡은 단지 비가 올 때 일시적으로 빗물을 하류로 빨리 내버리는 하수도의 역할만 하고 있는 셈이다. 그 결과 하류에는 홍수의 위협이 점점 커지고 있고 산은 점점 말라가고, 산불의 위험은 점점 커져간다. 이와 같은 현상은 우리나라 전국의 산지가 마찬가지이다. 모든 빗물의 시작점인 산지에

올바른 물관리를 위해서는 산에 있
는 나무와 흙의 관리를 잘 해서 산
의 토양의 수분을 높이고 빗물유출
저감을 하는 것이 먼저이다.

서 물관리가 되지 않으면 올바른 치수대책은 기대할 수 없고 그 대가는 매년 천문학적으로 발생하는 인명과 재산피해, 그리고 엉뚱한 곳에 사용되는 예산의 낭비이다.

우리나라의 주요한 물 문제 원인은 산지에서 찾을 수 있다. 산에 쌓인 낙엽은 비닐장판과 같다. 낙엽위에 떨어진 빗물은 땅을 적시지 못하고, 비가 많이 올 때는 낙엽을 타고 미끄러져 모든 비가 일시에 계곡으로 내려가게 된다. 땅이 물을 머금지 못하기 때문에 계곡의 물이 마르고 산불의 위험이 더 많아지게 된다. 과거와 똑 같은 비가 오더라도 그 피해가 더 큰 것은 낙엽에 의해 물이 땅속에 침투되지 못하여 빗물의 유출저감 효과가 감소하였기 때문이다.

우리나라 국토면적의 70%가 산지이다. 빗물의 양은 떨어지는 땅의 면적과 비례하기 때문에 산지에서 빗물관리를 잘못하면 우리나라 전체의 물관리에 엄청난 문제점을 가져온다. 그렇다면 문제의 해결책은 의외로 간단할 수 있다. 그것은 산지의 비닐장판을 걷어내 빗물이 땅속에 침투하도록 해 땅을 촉촉이 적시면서 유출 저감 효과를 극대화시키는 것이다. 그 일은 비교적 간단하다. 첫째로 낙엽을 걷어내는 것이다. 조금씩 태워서 그 재를 땅에 묻든지, 퇴비화를 시키는 것이다. 둘째로 20~50㎡당 1톤 정도의 물이 받아질 수 있도록 땅을 약간 파서 오목하게 만드는 것이다. 비가 올 때만 물이 모이고, 넘치는 물은 그대로 흘러 나가도록 하면 된다. 셋째로 경사면에 근처의 나무나 돌을 이용하여 물이 고일 수 있는 턱을 만들어 두는 것이다. 이렇게 되면 비용을 많이 들이지도 않고 산 하나에 수십만 톤의 뚜껑이 없는 작은 저장조를 많이 만드는 셈이 된다.

그 유출 저감의 효과는 하류에 만드는 빗물저류조와 똑같은 효과를 내지만 비용이 훨씬 적게 들고, 모아진 물이 땅속에 침투되면 가뭄방지, 산불방지, 생태계보전 등의 다목적으로 사용할 수 있다.

지금까지 수방대책은 일부 전문가만 해 왔었다. 그 결과 모든 빗물을 유수지나 대형 빗물저류조와 같은 한 점(點)에 집중시키거나 하천을 정비하거나 하는 선(線)적인 관리를 하는 집중형 물관리를 하여 왔다. 이제는 물 관리의 패러다임을 하천변이 아니라 유역 전체에서 모든 사람의 참여하에 하는 면(面) 적인 관리로 바꾸어야 한다.

치산을 고려하지 않는 절름발이식 치수정책으로는 지속가능하고 올바른 물관리를 할 수가 없다. 이번 봄부터 여름의 홍수를 대비하여 산에 있는 나무와 흙의 관리를 잘해 산의 토양의 수분을 높이고, 빗물유출 저감을 위한 일을 해보자. 이것이야말로 올바른 치산치수 정책이 될 것이다.

금수강산을 되살리는 새로운 패러다임의 물관리

우리는 선조로부터 삼천리 금수강산 (錦繡江山) 이라고 할 정도의 아름다운 국토를 물려받았다. 하지만 지금 자연과 생태계가 나빠진 것은 모두 잘못된 물 관리 때문이다. 지금까지 관행적으로 해오던 빗물 배제형, 대규모 집중형, 관주도형, 공급위주형의 물 관리는 우리나라의 빠른 현대화와 산업화에 많은 기여를 했다. 하지만 인구의 증가, 도시화, 기후변화 등으로 달라진 여건에 대응하기 위해서는 새로운 패러다임의 물관리가 필요하다. 우리 후손들에게도 금수강산을 남겨 주어야 하기 때문이다.

1. 선(線)적인 관리에서 면(面)적인 물 관리로

지금까지의 물관리란, 비가 오면 선(線)으로 이루어진 하수도나 하천에 집어넣고 거기서 관리하는 방향으로 이루어졌다. 그 결과 홍수나 가뭄과 같은 위험도의 집중, 물을 운반하는데 드는 에너지의 증대, 하천의 수질오염, 지하수위 저하, 비용의 증대 등의 문제가 발생하였다.

이에 대한 대안으로 유역 전면에 걸쳐 빗물이 떨어진 자리에서 관리하도록 하는 면(面)적인 관리가 필요하다. 우리 국토를 구성하는 산지, 농지, 도로, 도시의 지붕면 등 빗물이 떨어지는 지형에 따라 그에 맞추어 빗물을 모아서 관리하면 홍수와 가뭄 등 여러 가지 물과 관련된 문제를 줄일 수 있다.

2. 공급관리에서 수요관리로

지금까지 정부에서는 물이 필요하면 공급을 해주는 방식으로 관리를 하였다. 그 결과 우리나라의 1인 하루 물 사용량이 282리터로 호주, 독일 등 선진국보다 두 배나 더 많은 물을 사용하고 있다.

수요관리 정책을 잘 만들면 국민들이 불편함을 느끼지 않고도 물 사용량을 획기적으로 줄일 수 있다. 예를 들면 전기 분야에서 분산형의 태양광발전, 전기소비 줄이기 등에서 성공한 것을 참고할 수 있다.

3. 빗물을 버리는 정책에서 모으는 정책으로

건축물, 도로, 산지, 농지 등을 만들 때 현재의 모든 정책과 제도는 빗물이 땅에 떨어지면 빨리 내다 버리는 방향으로 되어 있다. 그 결과 홍수, 가뭄, 지하수위 저하, 하천의 건천화 등 모든 문제가 발생하고 있다.

생각을 바꾸어, 빗물을 버리는 대신 떨어진 자리 근처에 모으도록 한다면 대부분의 물문제가 해결된다. 이와 같은 빗물을 모으는 시설이나 장치는 지역의 특성에 따라 매우 저렴하게 만들 수 있다. 산지는 계단식 논, 땅을 오목하게 만들거나, 지붕에 떨어지는 빗물을 모으는 빗물저금통, 옥상녹화 등으로 그 지역에 떨어지는 빗물을 잘 활용한 예는 많이 있다.

4. 보이는 물과 보이지 않는 물의 관리

우리 국토의 자산은 땅과 물로 이루어져 있다. 국토의 물은 보이는 물(하천, 호소 등)과 보이지 않는 물(지하수, 토양수, 식생수, 대기수)로 이루어져 있다. 이 두 종류의 물이 서로 상호 작용을 이루면서 생태계를 보존하고 있다. 국토의 자산 중 보이지 않는 물이 90%로서 보이지 않는 물보다 더 양이 많다. 지금까지는 하천이나 호소와 같이 눈에 보이는 물만을 물 자산이라고 생각하고 관리해 왔다.

하지만 눈에 보이지 않는 물을 관리하면 열섬현상을 방지하고, 증발하여 구름이 되어 다시 비가 내리는 물의 소순환을 만들 수 있다. 이렇게 하면 자주 작은 비가 많이 내리게 할 수 있다. 현재 문제시되고 있는 미세먼지와 열섬현상도 줄일 수 있다.

5. 단일목적의 시설물을 다목적으로

빗물펌프장이나 유수지 같은 홍수방지 시설물들은 일년에 비가 많이 오는 날만 홍수방지 차원에서 빗물을 버리기 위해 사용한다. 지하수를 개발하는 것은 수자원 확보만을 위한 것이다. 이러한 시설들은 대규모로 만들어 놓고, 비가 많이 오는 기간 외에는 일년 중 대부분의 기간 동안은 사용하지 않고 있다.

새로운 패러다임에 의하면 빗물을 모아서 홍수와 가뭄방지, 수질오염방지 등의 다목적에 사용할 수 있다. 물이 증발할 때 기화열에 의하여 대기의 온도가 시원해지는 것을 이용하여 물과 기후와의 연관성을 생각하면서 기후를 조절할 수 있다.

6. 기후변화 대응, 적응을 넘어 기후회복으로

기후변화의 원인이 이산화탄소 때문이라면 이산화탄소를 목적한대로 다 줄이더라도 그 목적을 달성할 수 있는지 불분명하고 일반시민이 기후를 회복하기 위하여 할 수 있는 일은 거의 없다. 또한 기후변화 적응 시책으로 만든 홍수 방지용의 고가의 시설물은 이상기후에 대해서 안전을 지켜줄 수 없다.

하지만 기후변화의 원인이 나무가 줄어들고 빗물을 내다 버리는 사막화 현상이라면 해결책은 매우 쉽다. 현재와 같이 메마르고 나무가 없는 사막화된 도시에서 빗물을 모아서 나무를 키우고, 땅을 촉촉히 하면 기후를 회복할 수 있다. 나무와 땅에서 증발된 수증기는 하늘로 올라가서 다시 비가 내려와서 촉촉해진다. 기후는 회복될 수 있다.

7. 물 관리의 한류를 위하여

우리나라는 산악지형과 불균등한 강우조건 등 가장 열악한 자연조건을 가지고 있어 물관리가 매우 어렵다. 하지만 그러한 조건에서 수천 년 동안 금수강산을 이루어 온 철학과 기술이 있다. 그러한 물 관리의 철학이란 洞자에 내포되어 있는 의미, 그리고 하류의 사람, 자연, 그리고 후손까지 모두가 행복하도록 하는 홍익인간 철학이다.

전 세계가 기후변화로 홍수와 물 부족을 겪을 때, 수천 년을 극복해 온 우리의 물관리 철학과 경험은 다른 나라 사람들의 생명과 재산을 지켜주는 새로운 한류가 될 수 있다.

8. 정부 물 정책 방향의 우선순위

가장 먼저 해야 할 것은 물절약이다. 이것은 커다란 시설이나 비용이 들지 않는다. IT를 이용하여 물 사용량을 측정하면서 사용자들이 전혀 불편함을 느끼지 않도록 사회적 운동을 유도해야 한다. 현재의 1인 하루 물 사용량 282리터를 2020년까지 200리터로 줄이는 목표를 정하자.

그 다음은 '빗물은 돈이다'라는 생각으로 우리 국토에 떨어지는 빗물을 버리지 말고, 떨어진 자리 근처에서 모아 잘 활용할 수 있도록 제도나 정책이 바뀌어야 한다.

땅 따로 물 따로, 샤일록식 국토관리

세익스피어의 희곡 〈베니스의 상인〉에는 고리대금업자 샤일록이 빚을 갚지 못하는 안토니오의 가슴살을 베어내려는 장면이 있다. 판사인 포샤는 가슴살은 베어내되 피는 한 방울도 흘려서는 안 된다는 명판결을 내린다. 살과 피가 함께 어우러져 몸을 이룬다는 것을 몰랐던 샤일록은 큰 코를 다친다.

우리의 국토는 살이고, 거기에 있는 물은 피라고 할 수 있다. 지금까지 우리들은 겉에 보이는 국토의 기능과 경관만을 고려하고, 그 속에 있는 물의 중요성은 무시해 왔다. 그 결과 전국적으로 상류에 있는 개천이 말라 버리고, 하천의 수질은 나빠졌다. 또 지하수위도 낮아져 지하수를 퍼올리려면 더 많은 에너지를 사용해야 한다.

가뭄 때 용수의 부족도 심각하다. 이것은 지하수는 공짜이며 먼저 퍼서 쓰는 사람이 임자라는 국민들의 인식은 물론 가뭄 때 퍼 쓴 만큼 채우지 않고 물관리를 고려하지 않은 무분별한 개발 탓이다. 즉 지금까지 「땅 따로, 물 따로」의 샤일록식 관리를 해온 것이다.

대부분의 생명체는 지표면 근처의 물기에 무척 민감하다. 지표가 마르면 지표 근처에 살던 동식물은 살지 못한다. 지하수위가 낮아지면 개울이 마르게 되고, 이렇게 되면 개울에 살던 어류, 양서류 등 동물들은 모두 죽게 된다. 또한 지하수를 마구 뽑아 쓰거나, 개발 시 아스팔트나 시멘트로 포장해 빗물이 땅 속으로 스며드는 것을 막으면 지하수위가 내려가서 지표가 마르게 되어 자연에 심각한 영향을 준다. 그러나 이러한 증상은 천천히 나타나기 때문에 사람들은 그 심각성을 인식하지 못하고 있다.

이러한 문제는 해결에도 시간이 많이 걸린다. 예를 들면 일년간 내리는 모든 빗물(우리나라 평균 약 1300㎜)을 전부 땅의 틈새(공극률 50%)에 집어넣어도 지하수위는 일년에 2.6m 정도밖에 올라가지 않는다. 현실적으로 현재 수십m가 낮아진 지하수위를 회복시키려면 아무리 열심히 해도 2, 3세대가 지나야 원상태로 회복된다. 그러므로 정부의 물관리 정책은 근본적인 변환이 필요하다.

첫째, 공짜로 떨어지는 빗물을 그냥 버리기보다는 전 국토의 땅 속에 저장하는 쪽으로 바뀌어야 한다. 가장 간단한 방법은 논이나 연못에서 지하수로 충전시킨 양만큼을 돈으로 보상하는 것이다.

둘째, 지하수 사용료를 징수하거나, 쓴 양만큼 다시 저장하도록 의무화해야 한다.

셋째, 도로나 택지 등을 개발하면 침투되는 빗물의 양이 그만큼 줄어들므로, 그것을 보충하는 비용을 원인제공자에게 징수하는 것이다. 즉, 개발 전후의 물의 상태를 동일하게 유지했던 선조들의 동(洞, 水+同) 개념을 다시 살리자는 것이다.

넷째, 연구와 시범사업을 통해 우리나라의 지형과 기후에 맞는 빗물관리 기술을 개발해야 한다.

우리의 「땅 따로, 물 따로」 식의 국토관리에도 포샤와 같은 명판사가 나와서 새로운 패러다임의 물관리 방안을 제시해야 한다. 그 대부분의 혜택은 지금의 우리보다는 후손이나 하류의 동식물과 같은 생명체가 받을 것이다. 그러나 선조들이 남겨준 금수강산을 잘 보전해 후손에게 넘겨주는 것이 지속가능한 개발을 위한 우리 시대 사람들의 사명이다.

기후 위기를 대비하고 갈등을 줄
이기 위한 바람직한 물관리란 "모두
를 위해서, 모든 사람에 의한, 모든
물"의 관리를 말한다.

모모모 물관리

모두를 위한, 모두에 의한, 모든 물의 관리

2018년 5월 28일 역사적인 물관리기본법의 통과로 대한민국 물관리의 새로운 지평이 열리게 되었다. 새로운 패러다임의 물관리의 시작을 축하하고 바람직한 물관리를 정착하기 위한 도약의 기회로 삼아야 할 것이다. 하지만 어떠한 목표로, 누구의 책임 하에, 어떤 물을 대상으로 물관리를 하고자 하는지에 대한 올바른 정의가 없는 듯하다. 대안으로서 '모두를 위한, 모두에 의한, 모든 물'의 관리를 제안한다.

1. 어떠한 목표로 관리할 것인가 -모두를 위하여

현재의 물 관리를 보면 상류나 하류의 다른 사람에게 피해를 주거나, 자연환경을 훼손하거나, 후손에게 비용이나 위험의 부담을 주는 경우가 있다. 예를 들면 4대강 추진에 따라 나타난 부작용이나, 유역간 물의 이동, 하·폐수 무단방류로 인한 하천수질오염, 지하수위 하강 등의 여러 가지 문제점들이 나타나고 있다. 현재와 같이 인간, 자연, 후손과의 갈등을 유발하는 물 관리를 넘어 '모두를 위한' 물 관리를 목표로 하여야 한다. 이것은 널리 이롭게 하라는 대한민국의 홍익인간 이념과도 일치한다.

2. 누가 관리할 것인가 ―모두에 의한

자산을 잘 관리하려면 수입과 지출을 모두 효율적으로 고려해야 하듯이, 우리 국토의 물자산도 공급측과 소비측의 관리를 동시에 해야 한다. 지금까지 정부에서는 생활용수, 공업용수, 농업용수 등을 소비자측에서 요청하는 대로 공급해주는 공급자측 관리를 해왔다. 그 결과 각 용도별 물 사용량 원단위는 외국보다 훨씬 많다. 사용된 물은 하·폐수가 되어 처리 후 다시 하천으로 보내진다. 물을 공급하고 처리하는데 엄청난 양의 에너지가 들어가기 때문에 소비측에서 물을 적게 사용하면, 엄청난 에너지를 절약할 수 있으므로 국가의 탄소 감축정책에 상당한 기여를 한다.

새로운 패러다임에서는 가정, 사무실, 공장, 농업 등 모든 사용자의 책임 하에 물을 절약하고, 효율적으로 사용하는 수요관리 정책을 도입해야 한다. 수요관리란 에너지 분야에서 전등한등 끄기나 태양광발전을 하는 것과 마찬가지 개념으로서, 모든 사용자가 책임을 지고 물관리를 하자는 것이다. 2000년 세계물포럼에서는 'Water is Everybody's business'라는 슬로건을 제안한 바 있다. 이것은 물은 모든 사람이 관여해야 한다는 것을 말한다. 즉, 모든 사용자가 관리하는 '모두에 의한' 물관리가 되어야 한다.

3. 어디에 있는 어떤 물을 관리 하는가 −모든 물

지금까지 국토부와 환경부 사이의 해묵은 수량, 수질 논쟁은 자연계에 있는 일부의 물만을 대상으로 하고 있다.

하천의 홍수를 조절하고, 하천에서 취수하여 생활, 공업, 농업용수로 보내고, 사용된 하·폐수는 처리해서 다시 하천으로 보내는 것을 보면 관리의 대상을 '하천과 그 이후의 파이프에 있는 물'만을 생각하고 있다.

자연계의 물 순환 중에서 하천에 있는 물은 우리나라 전체 물 자산의 10%도 안 된다. 오히려 토양표면에 있는 물, 식생과 대기 중에 있는 물, 그리고 지하수가 우리 국토의 물 자산의 대부분을 차지한다. 이러한 자연계의 물 순환에 있는 물들이 하천과 지하수의 유입수가 되고, 자연에 있는 동식물의 생명을 유지하며, 폭염을 식혀주고, 미세먼지를 줄여주는 역할을 한다. 따라서 산골짜기나, 논밭, 건물의 지붕이나 도로에 떨어진 빗물이 주가 되는 '하천 이전의 물'까지 고려한 '모든 물'의 관리가 필요하다. 인공계와 자연계 각각의 물 순환에 있는 여러 요소의 물은 서로 연관되어 있고 서로 영향을 준다. 따라서 빗물로부터 시작된 국토의 '모든 물'을 종합적으로 관리하는 물관리가 필요하다.

바람직한 물관리란 '모두를 위한, 모든 사람에 의한, 모든 물'을 잘 관리하는 것이다. 이렇게 하면 물로 인한 사회적 갈등을 줄일 수 있는 실마리를 찾을 수 있다. 탄소 발생량을 줄일 수 있고, 홍수와 가뭄, 이상고온으로 대표되는 기후위기에 대한 대응을 할 수 있다. 새로운 패러다임의 물 관리에서는 수요관리와 빗물관리를 최우선 순위로 하여야 한다.

물관리기본법의 근간에는 위와 같은 철학이 들어있다. 이것을 바탕으로 물관리기본법의 후속법안을 만들고, 기존에 만들어진 물과 관련된 법들도 그에 따라 개정해 나갈 것을 제안한다. 그러면 우리나라가 물 관리로 세계를 선도하게 될 것이다. 그렇게 되면 물산업도 저절로 발전하게 될 것이다.

> PART 03

빗물관리

• 빗물에 대한 오해

• 빗물관리

• 물순환

• 빗물은 돈

• 개도국 빗물 식수화

지금까지 빗물은 더러우니 빨리 내다 버리는 방향으로 관리해왔다. 그러한 인식을 바꾸어 빗물을 모으도록 하기 위한 가장 좋은 방법은 "빗물은 돈"이라고 생각하는 것이다.

빗물에 대한 오해

저탄소 녹색성장의 걸림돌 '산성비 괴담' 중·고등학교 과학교과서, 정부 문서, 학계 원로의 저서 등에는 산성비에 대한 비현실적으로 과장된 표현들이 많이 있다. 그래서 국민 대다수가 산성비의 피해에 대한 잘못된 지식을 갖도록 유도하고 있다. 특히, 우리나라의 공부 잘한 사람이나 정부의 높은 관료들은 모두 산성비에 대한 오해를 가지고 있다. 그 결과 물관리를 잘못하게 돼 홍수와 가뭄, 그리고 에너지 낭비 등을 조장하는 정책이 이루어지고 있다. 이 때문에 예산 낭비는 물론 저탄소 녹색성장을 저해하고 있다.

교과서에서는 산성비 피해 사례로 과거 유럽의 여러 나라들의 호수 산성화, 토양 산성화, 일부 지역의 산림 황폐화, 건축물의 부식 등에 대한 사진을 인용함으로써 우리나라도 똑같은 위험이 있을 것처럼 묘사하고 있다. 이 사실들은 다음과 같은 오류를 가지고 있다.

첫째, 우리나라와 자연조건이 다르다. 스칸디나비아 지역의 호수는 암반이 깎여서 만들어져 있기 때문에 산성비를 화학적으로 중화시킬 수 있는 완충(Buffer)능력이 적은 반면 수십만 년 이상 황사가 쌓여온 우리나라의 땅과 호수에는 산성비를 중화시킬 완충(Buffer)능력이 충분하다. 때문에 산성비가 오더라도 호소나 하천에서의 산성화와 그에 따른 생태계의 피해는 우리나라에서는 없다.

둘째, 제시된 자료들은 우리나라에서 피해가 과학적으로 검증되지 않았다. 예를 들어 토양 산성화나 산림 황폐화의 원인에는 여러 가지가 있기 때문에 산성비 때문이라고 단정짓는 것은 근거가 불충분하다.

셋째, 우리나라의 법적·기술적·사회적 여건의 변화다. 현재 대기오염의 규제와 기술개발, 시민의식 등으로 공장이나 자동차에서 과거와 같이 오염물질을 많이 배출해 산성비가 내릴 확률은 매우 적다.

넷째, 산성비 문제가 처음 제기된 유럽 등지에서도 현재는 대기오염 정화와 기술 발달로 더 이상 사회적 이슈가 아니다. 유럽 사람들 대부분은 산성비를 먼 옛날에 한번 있었던 일이며, 지금은 그리 큰 문제가 아니라고 생각한다.

다섯째, 음용수 수질기준에 있는 pH(6.3~8.5) 범위는 사람의 건강에 위험을 주기 때문에 만든 것이 아니다. 급배수시스템의 유지관리를 잘하고 시설의 수명연장을 위한 기준이다. 미국의 건강 및 의학 연구위원회의 보고서에 의하면 pH2.5와 11사이의 범위의 음식이나 음료는 건강에 나쁜 영향을 주지 않는다.

현재 산성비에 대한 과학적 근거가 불충분하다. 산성화에 대한 화학 평형 공식의 적용에 오류가 있다. 또 초중등학교 교재를 위한 실험에서는 실제 강우조건보다 큰 조건에서 실험해 그 피해나 영향이 과장돼 있다. 산성도가 높은 용액에서 대리석이 녹는 것을 보여주는데 실제 빗물의 산성도는 그보다 훨씬 산성도가 약하다.

아주 간단한 실험으로 확인할 수 있다. pH측정장치로 실험을 해보면 된다. 비는 내린 즉시 중화되어 내린 빗물은 산성, 받은 빗물은 알칼리성, 모은 빗물은 중성이라는 것을 알수있다. 또 산성을 띄는 하늘에서 내린 빗물(pH 5.0)을 콜라(pH 2.5), 맥주(pH 4.0) 등 강산성 음료 등에 대한 인체 위험성의 비교실험을 해보면 된다. 건강한 사람의 피부의 산성도는 pH=5.5로서 빗물의 산성도와 같다.

빗물에 대한 잘못된 오해는 모든 사람이 빗물을 빨리 내다 버리게 하여 정부와 국민의 수자원관리에 심각하게 나쁜 영향을 미친다. 홍수와 가뭄의 직접적 원인이 되고, 에너지를 많이 쓰게 되어 그 결과 저탄소 녹색성장을 저해하는 원인이 된다.

외국 사람과 만날 때 이와 같은 잘못된 상식으로 산성비 운운하면 전 국민이 무식하다는 소리도 들을 수 있으며, 산성비의 원인을 중국으로 돌리는 것은 중국과의 외교문제도 될 수 있다.

이에 대한 대책으로는 가장 먼저 산성비에 대한 괴담을 바로 잡아야 한다. 중·고등학교 과학교과서를 수정하고, 빗물을 버리지 말고 모으도록 정책을 바꾸어야 한다. 또 빗물의 성질을 파악하고, 빗물을 우리 사회에 유효하게 이용하는 방법을 연구하고, 기후변화 적응의 첨병역할을 하도록 여러 학문 분야를 포함한 빗물관리 융합연구단을 만들 필요가 있다.

산성비에 대한 오해를 과학으로 바로 잡아 주는 것이야 말로 저탄소 녹색성장을 달성하고 기후위기를 극복 할 수 있는 사회를 건설하기 위해서 가장 먼저 해야 할 일이다.

한번 산성비는 영원한 산성비가 아니다

최근 들어 환경부에서 빗물이용에 관한 법이 시행되고, 지방자치단체에서는 빗물이용이 활성화되고 있는 추세지만 정작 일반시민들은 잘 따라하지 않고 주저하고 있다. 그 이유는 중·고등학교 공통과학교과서 때문이다.

과학교과서에는 환경분야 내용의 절반을 할애해 산성비의 원인과 피해에 대해 기술하고 있다. 이를 근거로 모든 참고서, 자습서 등에까지 산성비가 나쁘다고 판단할 수 있도록 공부한다. 때문에 환경부에서 주장하는 대로 "빗물이 모든 수자원의 근원이고 빗물관리가 저탄소 녹색성장을 이루는 원동력"이라고 답을 하게 되면 오히려 시험문제를 틀리게 된다.

현재 사용하고 있는 과학교과서 중 산성비에 관한 챕터의 내용에 다음과 같은 문제점을 지적하고자 한다. 대기 중 탄산가스나 황산화물, 질소산화물이 물과 평형을 이뤄 산성비가 되는 화학 이론은 맞다. 그러나 교과서에는 기체상 오염물질이 조금만 존재해도 강한 산성의 비가 내릴 것처럼 생각하게 만든다. 지금은 환경법과 시민의 의식수준, 그리고 기술개발로 인해 강산성의 비가 지속적으로 내리는 경우는 전혀 없다.

빗물은 땅에 떨어진 뒤 다른 물질과 반응해 산성도가 쉽게 변한다. 황사가 같이 오면 중성비가 된다는 사실은 간단한 산성도 측정 장치로 초등학생도 증명할 수 있다. '한번 산성비라고 해서 영원히 산성비는 아니기 때문'에 산성비가 수자원으로써 빗물의 가치를 떨어뜨리지는 않는다.

인체에 대한 산성도의 위험성은 간단한 실험을 해보면 누구든 금방 알 수 있다. pH5인 산성비보다 pH2.5인 콜라의 산성도(산성도 1단위는 10배 차이)가 500배 더 강하고, pH3인 쥬스는 100배 더 강하다.

산성비의 피해에 대해서도 우리나라 현실에 맞는 수정과 보완이 필요하다. 산업혁명 당시, 유럽에서는 엄청난 양의 화석연료를 썼다. 대기오염방지에 대한 기술이나 투자, 또는 법규도 없었기 때문에 산성비나 산성안개 등 교과서에 제시된 인간과 자연에 대한 피해가 나타났다. 그러나 그것은 먼 옛날의 일이고 현재 일어나는 일은 아니다. 교과서에 실린 대리석 동상의 마모된 사진은 오랜 시간 풍상과 새똥에 의한 것이지 산성비에 의한 것은 아니라는 것을 간단한 실험을 해보면 자명하다.

그동안 환경부에서는 대기오염 방지를 위한 법률제정과 기술개발 유도, 산성비 측정망 등 많은 노력을 한 결과 산성비의 피해는 눈에 띄게 줄었다. 최근에는 법률을 제정해 빗물이용을 활성화하려고 하고 있다. 그 공로를 다시 인정받고 새로운 '빗물법'을 펼치기 위한 시민들의 협조를 얻기 위해서는 환경부에서 책임지고 빗물에 대한 올바른 인식을 가질 수 있도록 고등학교 과학교과서의 환경 분야에 대한 수정과 프로그램을 보완해야 한다.

더욱 중요한 것은 과학교과서 중 환경부분을 고쳐서 다시 쓰고, 스스로 과학적 탐구를 할 수 있도록 실험장비를 지원하고, 학교마다 빗물이용시설을 설치하고 그것을 이용한 교육 프로그램을 개발하는 것이다.

학생 때부터 빗물 활용, 즉 저탄소 녹색성장을 실천하는 방법을 가르치는 것은 국가의 백년대계를 위해서도, 기후위기에 적응하는 시민을 기르기 위해서도 가장 시급한 일이다.

수비수비 마하수비 수수비 사바하

영화 '동물의 왕국'을 보면 아프리카 초원지대에 건기가 찾아오면 코끼리나 기린 등 야생동물들이 무리를 지어 물을 따라 이동하다가 물을 찾지 못하면 고통스럽게 서서히 죽어나가는 것을 본다. 하지만 우기가 시작되면서 비가 내리면 다시금 초원에 생기가 돈다. 짝짓기를 하고, 새로운 식구가 탄생한다. 그렇게 생태계는 수천만 년을 지속해 왔다. 모든 생명을 살리는 빗물이다.

지금도 아프리카 사하라 남쪽 지역에서는 가뭄 때는 여러 부족들이 가축 떼를 몰고 물을 찾아 이동한다. 다른 부족들은 총을 들고 자신의 물가를 지킨다. 이렇게 물 때문에 갈등이 시작되고 부족 간 전쟁의 원인이 된다. 하지만 이 모든 갈등은 비만 오면 다 해소된다. 평화를 만들어 주는 빗물이다.

빗물은 가장 깨끗하고 누구에게나 떨어지는 하늘의 축복이다. 이러한 소중한 빗물로 경제도 살려보자. 호주의 어느 항공사에서는 비즈니스석 이상에만 클라우드 주스(구름주스)라는 이름의 빗물생수를 제공한다. 미국 텍사스 대학 구내의 자판기에는 빗물생수가 콜라를 밀어내고 있고, 어느 식당의 메뉴에는 주스보다 비싼 가격의 빗물생수가 있다. 칵테일 바에서도 빗물생수를 찾는 사람이 많아진다. 돈을 벌어주는 빗물이다.

이러한 이야기들은 우리나라 사람들에게는 쉽게 이해가 되지 않는다. 국민 대부분이 '산성비의 주술'에 걸려 있어서 공포수준의 우려를 나타내기 때문이다. 다행스럽게도 이러한 주술은 어린 이들도 간단히 풀 수 있다. 산성의 정도를 나타내는 pH를 리트머스 시험지를 이용해 직접 재보면 된다. 그리고 일상생활에서 마시는 콜라나 주스의 pH와 비교하면 전혀 우려할 정도가 아니라는 것을 알 수 있다. 고등학교 과학반 정도의 수준이면 이것을 화학적 이론으로 증명할 수 있다.

일단 산성비에 대한 오해를 걷어내면 빗물로 경제를 살릴 수 있는 방안이 있다. 몇 가지 예를 들어보자. 반도체 공장과 같이 초순수가 필요한 곳에서 하천수나 수돗물 대신 빗물을 이용하면 아주 경제적으로 초순수를 만들 수 있다. 만약 이상한 물질이 원수 중에 섞여 들어온다면 생산 공정에 부작용을 일으킬 수 있다. 이 같은 우려도 빗물을 사용하면 쉽게 원천적으로 차단할 수 있다. 자신이나 이웃공장의 지붕에 떨어지는 빗물을 이용하면 필요량의 일부 또는 전부를 충당할 수 있다.

약품이나 식품 성분 중 미량의 물질이 물속의 성분과 반응하여 부산물을 만들어 부작용을 일으킬 수도 있다. 따라서 약품이나 식품의 원료인 물을 쓸 때 물속에 들어 있는 이물질의 양을 줄이기 위해 처리공정을 거치게 된다. 이를 위해서는 땅에 떨어지기 직전의 빗물을 써보자. 빗물은 마일리지가 가장 짧기 때문에 이물질이 적어 다른 화학물질과의 반응을 미연에 방지할 수 있으므로 가장 좋은 원료가 될 수 있다.

유네스코 세계기록문화유산에 등재된 동의보감의 탕액편을 보면 물을 여러 약재 중 가장 먼저 설명하고 있다. 그중 12번째 반천하수편을 보면 '빗물은 깨끗한데 하늘에서 내려와 땅의 더럽고 흐린 것이 섞이지 않은 물로서 늙지 않게 하는 좋은 약을 만드는데 쓸 수 있다'고 하였다. 한약을 다릴 때 항아리에 담아둔 빗물을 쓰면 가장 약효가 좋다는 말을 들은 적이 있다.

빗물에 대한 오해를 풀고 빗물을 잘만 이용하면 생태계, 수자원, 기후변화 적응, 생산공정 개선, 신제품 개발 등 여러 분야에서 생명도 살리고 경제도 살릴 수 있다. '산성비의 주술'을 풀기 위해 우리 국민 다 같이 주문을 외워보자.

"수비수비 마하수비 수수비 사바하…."

▣ 빗물 챌린지

예전에 여러 회사의 콜라를 놓고 상표를 가린뒤 마시게 하고 가장 맛있는 제품을 고르는 실험이 유행한 적이 있다. 결과를 당장 알 수 있기 때문에 진검승부라 할 수 있다. 하지만 사람들의 기호와 입맛은 주관적이므로 집단마다 다른 결과가 나올 수 있다.

지금까지 50번 이상 일반시민들과 학생들을 대상으로 물맛

콘테스트('빗물 챌린지')를 했다. 20리터짜리 통 세 개를 준비해 냉온수기를 거친 물을 마시게 했다.

첫 번째 통에는 수돗물을 넣고, 두 번째 통에는 서울대 39동 건물의 지붕에서 받은 빗물을 저장조에 모은 뒤 $0.05\mu m$(마이크로미터)의 공극이 있는 막분리 공정을 거친 물을 담았다. 세 번째 통에는 시중에서 파는 병물이다. 세 통 모두 음용수 수질기준을 충족하기 때문에 안전에는 문제가 없었다.

가장 맛있는 물을 고르는 투표를 한 결과, 모두 의아해하고 재미있어 했다. 50번 이상의 실험의 결과는 거의 비슷하였다. 평균적으로 수돗물 (20~25%), 빗물 (50~60%), 병물(20~25%)을 얻었다.

빗물이 가장 선호도가 높은 것에 대해 객관적인 이유를 살펴보자. 첫째, 빗물은 원산지가 확실하고 유통경로(마일리지)가 짧다. 지붕에 떨어진 빗물에는 공장폐수나 분뇨 등이 섞이지 않았다고 보장할 수 있다.

둘째, 빗물에는 화학물질이 하나도 첨가되지 않았다. 아주 작은 공극을 통과시키는 물리적인 방법만을 사용해 미생물을 걸렀기 때문이다. 가장 좋은 원료를 사용했기 때문에 제품 또한 좋은 게 당연하다.

너무나 당연한데 의외라고 생각한다면 빗물에 대한 잘못된 선입관을 갖고 있기 때문이다. 대기오염이나 산성비 등 잘못된 정보에 의한 교육이 주범이다. 흙탕물인 강물을 처리해서 먹는 것과 같이 빗물도 처리하면 음용수를 만들 수 있다.

마실 수 있느냐의 문제가 아니라 어느 것이 더 안전하고 에너지나 비용이 적게 드는지 비교해야 한다. 이 경우 당연히 이물질이 적게 녹아 있는 빗물이 에너지나 비용이 적게 들고, 안전하다.

아프리카나 남아시아에서 찍은 사진이나 영화를 보면 어린이들이 흙탕물을 마시거나 주부들이 20~30kg되는 물통을 머리나 허리에 이고 물을 운반하는 모습을 종종 보게 된다. 때문에 사람들은 이 지역에는 비가 전혀 안 오든지, 비가 오더라도 흙비가 오는 줄 착각하곤 한다. 그리고 이 지역의 물 문제를 해결하기 위해서는 돈과 기술이 많이 들어서 그 나라의 경제나 기술수준으로는 불가능하다고 생각한다.

몇 년 전 아프리카에 갔을 때 아주 깨끗한 비가 많이 오는 것을 보면서 그러한 편견을 말끔히 씻어 버렸다. 비가 올 때 모아 두고 약간의 처리만 하면 누구나 임금님이 마시던 물보다 더 깨끗한 물을 마실 수 있다. 재료비가 전혀 들지 않는 마일리지 제로인 최고급 수준의 빗물을 모아서 마시도록 가르쳐주고 도와주는 것이 그들의 생명을 살려주고 삶의 질을 높이는 길이다.

우리나라 농어촌에 안전한 물을 공급하려는 공무원도 잘못된 정보를 가지고 있는 듯하다. 모두들 해수담수화나 장거리 상수도 시설 등 비싼 시설을 공급해야만 한다고 생각하고 있다. 그 비용은 국민의 세금과 지역주민의 수도요금 등에 대한 부담으로 이어질 것이다. 빗물에 대한 생각을 바꾸면 가장 저렴한 비용으로 가장 깨끗하고 맛있는 물을 안전하게 공급할 수 있다.

빗물에 대해 편견을 갖고 있는 사람들, 싸고 좋은 수돗물을 공급할 책임을 지고 있는 공무원들, 시민단체, 그리고 지역주민들을 모아 놓고 '빗물 챌린지'를 한번 실시해 보자. 그리고 진검승부를 통해 여러 공급대안을 놓고 비교해 보자. 물맛은 물론 비용, 에너지, 안전성, 그리고 부대효과까지 있는 빗물이야말로 진정한 저탄소 녹색성장의 정책에 맞는 수돗물 공급방안이 될 것이다.

세상에서 가장 배부른 물 가장 재미있는 물

지구상에는 여러 가지 물이 있다. 계곡수, 강물, 저수지물, 바닷물도 있고 빗물, 눈물, 수돗물, 하수도, 지하수, 해저심층수 등이 있다.

전 세계의 물 전문가, 정치가들을 모아 놓고 경합을 벌여보자. 가장 배부른 물과 가장 재미있는 물을 찾아내는 경합이다.

먼저 세상에서 가장 배부른 물을 찾아보자. 모든 사람의 갈증을 해소하고 곡식을 살찌우고 그로 인해 모든 사람이 풍요롭고 행복하게 살게 할 수 있는 물이다.

나만이 아니라 다른 사람, 동·식물, 그리고 후손까지도 모두가 잘 되게 하는 물이 어디 있을까?

돈이 없어도 쉽게 갈증을 해소할 수 있는 물, 아픈 사람에게 고통을 줄여줄 수 있는 물, 인간은 물론 자연에 있는 동·식물을 풍요롭게 하며 번영을 안겨주는 물, 후손에게도 그러한 풍요를 보장해 줄 수 있는 물. 이런 물이 어디 있을까?

그것은 빗물이다. 재료비나 운반비가 들지 않고 처리비도 들지 않는다. 빈부귀천에 관계없이 누구에게나 골고루 떨어지기 때문에 갈등과 싸움의 소지도 없어진다. 거지에게도 임금님이 먹던 물과 같은 좋은 물을 마시고 같은 기쁨을 누리게 할 수 있다.

빗물은 누구에게나 공짜로 떨어진다. 땅에 떨어지기 전의 빗물이야말로 가장 깨끗한 물이다. 빗물의 존재와 가치를 깨닫는 순간 모든 사람은 구태여 싸움을 하지 않아도 잘 살수 있다는 것을 깨닫게 된다. 남을 위하는 마음을 갖게 되면 저절로 배부르게 된다.

다음으로 세상에서 가장 재미있는 물을 찾아보자. 최근 들어 기후변화 때문에 전 세계적으로 홍수 및 가뭄 피해가 극심하다. 그로 인해 곡물가격이 상승하기도 하고 안 보이는 암투가 발생하기도 하고 물 전쟁의 원인이 되기도 한다. 모두 다 빗물 때문에 벌어지는 현상이다. 결국 빗물은 행복과 불행, 선과 악, 두 가지 극단적인 얼굴을 가진 셈이다.

재미있는 영화나 소설에는 항상 클라이맥스와 반전이 있다.

그 폭이 클수록 더욱 재미있게 느껴진다. 홍수와 가뭄피해, 그로 인한 고통과 갈등, 전쟁과 파멸의 위기에서 평화와 안정을 가져다 주는 것 또한 빗물이다. 비가 올 때 빗물을 잘 저장해 뒀다가 비가 안 올 때 천천히 내보내는 등 관리를 잘하면 홍수나 가뭄을 줄일 수 있다. 가장 클라이맥스의 효과가 높은 빗물, 빗물이야말로 세상에서 가장 재미있는 물이다.

하지만 우리 정부는 물론 전 세계 물 전문가의 행복과 풍요의 어젠다엔 빗물이 없다. 다만 물로 인한 전쟁만 예고하고 있을 뿐이다. 그렇기 때문에 더욱 재미있다. 생각지도 않은 곳에 해답이 있어 행복과 재미는 배가 된다. 이러한 빗물의 비밀을 일단 알고 나면 모든 사람과 동·식물들이 쉽게 사용할 수 있으므로, 그 효과는 사람과 자연에게 더욱 더 배부른 물로 나타나게 될 것이다.

더욱 재미있는 것은 빗물을 잘 관리하면 모든 사람들이 경합에서 승리(윈-윈)할 수 있다는 것이다. 유엔(UN)을 통해 전 세계의 배고프고 재미없게 살고 있는 수십억 명의 사람들에게 빗물의 비밀을 알려주자. 빗물이야말로 세상을 가장 배부르고 재미있게 살 수 있는, 지구를 살리고 세계 평화를 위한 가장 확실한 방법이다.

빗물에 대한 오해를 풀고 빗물을
잘만 사용하면 기후위기를 해결할
수 있을 뿐만아니라 생명도 살리고
경제도 살릴 수 있다.

고인 물을 썩지 않게 하는 비법

일반인들은 고인 물은 썪는다고 알고 있다. 하지만 과학자의 답은 다르다. 그것은 썩을 조건이 되면 썩고 조건이 안 되면 안 썩는다는 것이다. 깊은 동굴이나 우물 속의 물이나 지하 암반수는 고여 있지만 썩지 않는다. 잘 설계된 빗물저류조안의 빗물이나 소독약품 냄새가 나는 물도 썩지 않는다. 에너지를 들여 산소를 공급하는 저수지나 댐의 물도 썩지 않는다.

반면 썩은 물이 흐르는 하천도 있다. 따라서 고인 물이든 흐르는 물이든 썩을 조건이 되면 썩는 것이다.

물이 썩는다는 것을 과학적으로 설명하면 산소가 모자란 상태(혐기성)에서 미생물이 물 속에 있는 유기물을 분해하면서 메탄이나 황화수소와 같은 냄새나는 부산물을 발생시키는 현상이다. 또는 태양광에 의해 조류가 자라면서 나쁜 부산물을 발생하거나 심미적으로 보기 싫게 되는 것을 말한다.

일반적으로 물이 썩으려면 미생물, 유기물, 태양광 세 가지 조건이 다 있어야 한다. 따라서 이 중 한 가지 조건만 차단하면 물이 썩지 않는다. 미생물은 어디에나 존재하기 때문에 모두 다 없애는 것은 불가능하거나 오히려 생태계에 나쁜 영향을 준다. 적당한 양의 미생물은 유기물을 분해하는 자정작용을 일으키기 때문이다. 소독한 수돗물이 썩지 않는 이유는 미생물을 차단하였기 때문이다. 유기물이 많으면 그것을 미생물이 분해하면서 산소를 많이 사용하기 때문에 산소가 모자란 상태가 돼 썩는 현상이 발생한다. 계곡의 깨끗한 물이 썩지 않는 것은 유기물이 적기 때문이다. 태양광이 차단된 깊은 우물이나 동굴의 물에는 유기물과 미생물이 존재하더라도 썩지 않는다. 이 세 가지 조건 중 가장 쉽게 조절할 수 있는 것은 태양광을 차단하는 것이다.

이와 같은 과학적 원리를 이용하면 고인 물도 썩지 않게 할 수 있다. 이때 공학적 기술이 필요하다. 물이 썩는 원인은 인위적인 오염에 의한 유기물 때문이다. 이를 해결하기 위해서는 유기물의 유입을 차단(하수처리)하거나 산소를 공급(폭기)하거나 물속에 있는 유기물을 건져내면 된다.

빗물을 지하에 침투시켜 유기물의 유입량을 차단하고 태양이 차단된 땅 속에 보관하고, 그 물을 저수지에 천천히 일정하게 보내면 저수지의 물이 썩지 않는다. 이에 대한 적정규모의 설계와 운전방법을 결정하는 것은 공학자의 몫이다. 올바른 수질관리를 위해서는 물리, 화학, 생물의 과학적 원리와 수리학적, 공학을 바탕으로 한 복합적인 지식이 필요하다. 하지만 이러한 문제는 현재의 우리만 겪고 있는 것이 아니다. 우리 선조들이 수천 년 동안 여러 가지 시행착오를 겪어가면서 이미 그 해답을 구해 놓았다.

그러한 사례가 우리의 전통과 습관에 배어 있다. 모두가 다 이로우라는 홍익인간 철학과 우리 선조들의 자연관 속에 빗물을 침투시키는 방법이 숨겨져 있다.

이번 주말에는 고궁에 있는 연못에 가보자. 거기에 물이 고여 있어도 썩지 않게 하는 자연의 힘만을 이용한 선조들의 수질관리 비밀이 숨겨져 있다. 그 비밀은 우리만이 누릴 수 있는 저탄소 녹색성장의 실마리이자 동력이 될 것이다.

빗물을 지하에 침투시켜 유기물의 유입량을 차단하고 태양이 차단된 땅 속에 보관하고, 그 물을 저수지에 천천히 일정하게 보내면 저수지의 물이 썩지 않는다.

일반인들은 고인물은 썩는다고 알고 있
지만, 과학자들의 답은 다르다. 그것은
썩을 조건이 되면 썩고, 썩을 조건이
아니면 썩지 않는다는 것이다. 그 조건
은 유기물, 미생물, 그리고 햇빛이다.

빗물관리

▣ 빗물은 '재(再)' 이용이 아닙니다

처녀 총각에게 재혼하겠냐고 묻다가는 따귀를 맞을 수도 있다. 무식하거나 고의로 악담을 내뱉는 것이라고 생각하기 때문이다. 처음 결혼하는 처녀 총각에게 '재(再)'자를 쓰는 것은 이치에 맞지 않는다.

정부나 언론에서 하수 재이용이나 빗물 '재'이용이란 용어를 사용하고 있다. 하수 재이용이란 하수를 처리해 다시 사용하는 것이라서 문제가 안 되지만 사용한 적이 없는 빗물에 '재(再)'자를 붙이는 것은 이치에 맞지 않다.

그런데도 빗물 재이용이라는 단어를 아무 거부감 없이 사용하는 것은 '빗물=하수'라는 잘못된 생각을 은연중에 가지고 있기 때문이다. 빗물은 원래 깨끗한 것인데 땅에 떨어진 후 더러워진 것이다. 하수는 처리를 해야만 재이용이 가능하지만 빗물은 처리하지 않고 그대로 이용할 수 있다.

빗물은 더러울 것이라는 잘못된 선입관 때문에 한 해 우리나라 하늘에서 떨어지는 1270억 톤이라는 깨끗한 수자원이 모두다 쓰레기처럼 취급되고 있다. 이 때문에 우리나라의 일부지역에 물 부족, 홍수, 수질오염 등이 발생한다.

빗물 이용은 빗물이 더러워지기 전에 받아서 이용하자는 것이고 빗물 '재'이용은 더러워진 빗물을 받아서 처리한 후 사용하겠다는 것이다. 더러워진 빗물을 '재'이용하기 위해서는 처리를 해야 하며, 이때 비용과 에너지가 투입돼야 한다.

빗물 재이용이라고 하는 사람은 빗물은 깨끗하다는 사실을 모르거나(무식) 아니면 일부러 규모와 시설을 크게 만들어 비싸게 하려는(고의) 것이다. 이와 같이 빗물 재이용의 '재'란 말 속에는 엄청난 불합리와 낭비의 요인이 담겨져 있다.

정부의 '밑에서 모으는' 정책은 불합리하다. 흘러 내려오는 동안 더러워진 물을 처리하자는 생각이기 때문이다. 그러면 운반시설은 물론 처리시설도 커야되므로 비용도 많이 들고 그것을 유지관리하기 위한 인력도 필요하다.

우리나라는 여름에 비가 엄청나게 많이 오기 때문에 그 양을 다 처리할 수 있도록 처리시설을 매우 크게 만들어야 한다. 그렇게 되면 일년 중 그 큰 시설을 사용하는 날은 며칠 밖에 안 되고 나머지는 전혀 사용하지 않는다. 그렇다고 작게 만들면 정작 비가 많이 올 때는 홍수가 발생하거나 처리되지 않은 더러운 빗물이 하천을 오염시킨다.

가장 바람직한 방법은 '위'에서 빗물을 받는 소스컨트롤(source control)이다. 그러면 물 절약이나 홍수 방지도 할 수 있고 또 그 물을 천천히 지하로 침투시키면 가뭄이나 건천화 방지에도 도움이 된다.

빗물 이용이란 더러워지기 전의 빗물을 받아서 이용하는 것이다. 하늘에서 처음 떨어진 순수하고 깨끗한 물을 별도의 처리 없이 또는 자연적인 침전현상으로 입자를 분리해 음용이나 비음용으로 사용한 것은 수천 년 전부터 우리 인류가 해온 일이다. 이것이 적은 에너지로 지속가능하게 물을 확보하고 다목적으로 물을 사용할 수 있는, 저탄소 녹색성장에 부응하는 물관리 방법이다.

☾ 얄미운 빗물, 고마운 빗물

홍수, 가뭄, 물부족 등의 문제는 모두 빗물과 관련이 있다. 따라서 빗물관리만 잘하면 이러한 문제를 줄일 수 있다. 환경부와 지자체 등에서 이를 적극 뒷받침하는 법규나 조례가 만들어지고, 국회에서는 적극적인 빗물관리를 하자는 법이 만들어져 있다. 우리나라의 빗물관리 우수사례가 국제적인 상을 받기도 했다.

하지만 환경부의 현재 법체계에서는 빗물이용은 매우 소극적이다. 2001년에 수도법에 빗물이용시설이 처음 도입되어 대규모 체육시설은 의무적으로 빗물이용시설을 설치하라고 했지만 잘 지켜지지 않고 있다. 그후 빗물은 물재이용법에 포함되어져 하수의 재이용과 함께 다루어진다. 가장 깨끗한 빗물을 하수로 취급하여 관리하는 것이니 개념적으로 빗물의 사망선고나 다름이 없다. 비유를 하자면 착한 천사를 소년원으로 보내어 교화하자는 것과 다름이 없다.

2014년 7월 개정된 환경부의 시행규칙에서는 공공기관, 학교, 공동주택까지 빗물이용시설의 의무설치대상이 늘어난 것처럼 보이지만, 적용대상 시설의 조건을 까다롭게 만들어 실제로는 해당되는 시설은 거의 없다. 현재 전국의 모든 도시에서 빗물이용 목표치는 매우 낮게 잡혀 있다. 대부분이 돈이 많이 드는 하수재이용을 위주로 한 물재이용 계획이 세워지고 있다.

정부에서 빗물이 홀대 받는 이유가 있다. 지금까지 빗물을 버리는 쪽으로 정책을 해왔던 부서에서는 빗물은 얄미울 것이다. 잘 모르는 것을 하라고 하니 겁도 나고, 귀찮기 때문이다.

상하수도사업자에겐 빗물을 사용하면 매상이 줄기 때문에 빗물이 얄미울 것이다. 예를 들어 공공기관에서 수돗물 대신 빗물 1톤을 사용하면 2,250원을 못 받는다. 이것은 상수(840원), 하수(1000원), 물이용부담금(170원), 환경개선부담금 (240원)을 합한 비용이다. 가뜩이나 상하수도 사업이 적자인데다, 매상까지 줄면 고용도 불안하고, 서비스도 나빠질 수도 있다. 게다가 빗물을 사용한 만큼 상하수도요금을 깎아주자는 제도는 상하수도사업자에게는 반갑지 않다. 가뜩이나 적자인데 요금까지 감면해 주어야 하면 얼마나 얄미울 것인가.

도시의 용수공급을 계획할 때 빗물이용시설을 만들어 수요를 줄이고 홍수 등 재해위험도를 줄이면 그만큼 상하수도 분야의 건설비용이 줄어든다. 이렇게 되면 시민은 좋지만 건설 및 설계업자에게는 달갑지 않다. 특히 공사금액에 비례해 설계비용을 받는 현재의 제도하에서는, 설계회사는 비용절감을 해봤자 설계비만 줄어들기 때문에 머리를 써서 새로운 아이디어를 낼 필요가 없다. 이래저래 빗물도 얄밉고, 빗물을 사용하자는 사람도 얄미울 것이다.

빗물을 고맙게 여기는 방법이 있다. 그것은 빗물의 가치를 재발견하고 다목적으로 빗물을 사용하도록 제도를 만드는 것이다. 강남역 침수의 원인도 결국은 지붕에서 떨어지는 빗물 때문이다. 빗물을 분산해서 모으면 수자원 확보는 물론 홍수방지 효과가 있어서, 하수도 증설을 하기 위한 천문학적 비용을 절감할 수 있다.

상수도 1톤을 빗물로 대체하면 전기가 0.25kWh가 절감되므로 그만큼 탄소의 감축에 도움을 줄 수 있다. 빗물이용시설을 예쁘게 만들어 도시의 조형물로 만들 수 있다. 옥상녹화와 같이 빗물을 이용하여 주민들과 소통할 수 있는 장을 만들어 주민 화합도 할 수 있다. 수도요금 누진제를 적용하면 수돗물을 적게 쓰려 노력할 것이고, 이 때 비용절감을 해주는 빗물을 고마워 할 것이다. 빗물시설을 잘 설계해서 비용을 줄이는 설계자에게 이득이 돌아가도록 제도를 바꾸면 엔지니어들은 머리를 싸매고 아이디어를 낼 것이다.

건물 신축이나 재개발시 용적률 인센티브를 주어 빗물시설을 만들게 한다면 건축주는 고마울 것이다. 상습침수 구역의 상류에서 이렇게 빗물을 잡아준다면 홍수를 방지할 수 있으므로 하류에 있는 도시의 시민들이나 공무원도 고마울 것이다. 상하수도분야가 흑자가 되도록 요금인상을 하고, 남는 인력에게 빗물관리에서 일거리를 만들어 준다면 상하수도 사업자에게도 고마운 빗물이 된다.

또한 물관리 교육센터를 만들어 시민, 학생에게 교육을 하고, 민간에게 창업을 유도하고 새로운 일거리를 만들어야 한다. 이렇게 하면 얄미운 빗물은 고마운 빗물로 바뀌고 우리나라만이 자랑할 수 있는 소중한 창조경제로 승화시킬 수 있다. 이렇게 하여 측우기로 대표되는 빗물관리 챔피언 자리를 다시 찾아온다면 우리 국민 모두에게 고마운 빗물이 될 것이다.

가까운데 떨어진 흙이 덜 묻은 빗물을 잘 사용하도록 생각만 바꾸면 짧은 시간 안에 적은 비용으로 사회적 갈등을 줄이면서 모두가 행복한 물관리를 할 수 있다.

김장에서 배우는 물관리

우리 선조들은 채소가 부족한 겨울을 대비해 가을에 배추를 저장하는 방법을 고안했으며, 이제 김치는 세계적인 건강 식품이 됐다. 각 가정마다 담구는 양은 채소가 생산되는 그 다음해 봄까지 먹을 양으로 결정된다. 온도, 습도, 저장조건 등을 맞추고 미생물의 특성을 최대한 응용해 지역마다 독특한 깊고 다양한 맛을 만들어 냈다. 김장은 누구나 참여하여 스스로 맛있는 반찬을 만들어 먹을수 있도록 한 우리나라만의 전통이자 축복이다.

물관리를 김장에 비유하면서 현재 물관리의 문제점을 파악하고 그 해결책을 찾을 수 있다.

우선 김장은 분산형이다. 지역에서 생산되는 농수산물을 사용해 가정의 전통이나 취향에 따라 여러 종류의 김치를 개발하고 집집마다 독특한 맛을 창조했다. 만약 김치를 정부에서 책임지고 공급한다고 생각해보자. 유통이나 보관시 비용이 발생하고 맛의 특색이 없어져서 사회적 혼란이 일어날 수 있다.

물관리도 분산형을 도입해보자. 우리나라는 비가 불균등하게 내린다. 그 해법은 빗물을 저장하는 것이다. 빗물을 담는 그릇을 만들기 위해 논농사를 장려했고, 곳곳에 작은 저수지를 만들어 분산형의 물관리를 했다. 빗물을 지하에 저장하여 어디서나 땅을 파면 물이 나오도록 하는 물자립형 마을을 만들었다.

빗물이용시설에 대한 여러 가지 걱정을 잠재울 수 있다. 빗물 시설은 비가 오지 않을 때는 쓰지 않기 때문에 비경제적이라는 걱정에는 여름에 김장독을 안 쓰기 때문에 김장을 담그지 않을 것이냐고 물어보자. 유지관리에 대한 걱정도 있다. 김장은 미생물 발효 공정이라는 매우 어려운 기술인데, 우리나라는 각 가정에 이런 기술자들이 있다. 그런 기술자에게는 빗물시설의 유지관리 는 매우 쉽다.

물관리의 잘못된 점을 지적할 수 있다. 정부에서는 빗물이용 시설을 의무화하면서 사후관리는 안 하고 있다. 이는 김치 맛에 는 신경을 안 쓰면서 돈만 들이고, 맛없는 김치를 담그는 것과 같 은 이치다. 최근 지은 어떤 공공건물은 5톤 규모의 작은 빗물시 설을 만들어 놓고 친환경적으로 만들었다고 선전을 하고 있다. 이는 식구가 많은 집에서 대여섯 포기 정도의 김치를 담그고 김 장을 했다고 자랑하는 것과 같다.

빗물관리는 김장보다 더 심오한 뜻이 있다. 김장을 안 하거나 잘못하면 한 겨울에만 고통을 겪는 데 반해 빗물관리를 잘못하 면 겨울 가뭄은 물론, 여름 홍수까지 당할 수 있다. 따라서 김장 은 못 해도 빗물관리는 해야 한다.

우리나라에 맞는 물관리 방식을 우리 땅에서 오랜 전통인 김장 의 상식과 경험에서 구해보자. 거기서 전세계 물문제의 해결책이 나올지도 모른다. 우리의 김치가 세계의 식단에 영향을 준 것처럼...

포장만 요란한 투수성 포장

어느 광고에서 기저귀에 물 한 컵을 부었을 때 물이 모두 흡수되는 장면을 보여준다. 하지만 좀 더 물을 많이 붓거나, 이미 젖은 기저귀에 물을 부으면 성능이 훨씬 떨어지는 것을 모두 안다. 또한 비스킷에는 일정한 간격으로 작은 구멍이 있는 것을 볼수 있다. 구울 때 발생되는 가스를 배출하기 위함이다. 만약 구멍을 불규칙하게 만들거나 큰 구멍 한 개만을 만들었다면 비스킷의 표면이 불규칙하게 구워질 것이다. 이와 같은 상식으로 투수성 포장의 효율을 평가해보자.

현재 우리나라의 지하수 수위가 많이 떨어져 있다. 빗물을 집어 넣는 양보다 지하수를 빼내는 양이 더 많기 때문이다. 지하수위를 회복시키기 위하여 새로 짓는 도로는 물론 기존의 도로까지 모두 침투성 포장으로 바꾸어 빗물을 땅속에 집어 넣자는 의견이 나온다. 이를 실현하려면 효율, 비용, 유지관리, 효과의 측면에서 다음과 같은 문제가 있다.

침투 포장의 효율은 기저귀와 같다. 비가 조금 내리면 모두 다 흡수할 수 있지만 한꺼번에 많이 오는 비에는 효과가 별로 없다. 도시 전체의 면적에 비해 침투성 포장의 면적은 매우 작다. 또 도로의 구조상 포장면 밑에 여러 층의 단단한 층이 있기 때문에 표면에 물이 잘 빠지는 시설을 했다고 해서 도로에서 발생한 물이 잘 침투되는 것이 아니다.

설치 간격의 문제도 있다. 침투시설은 비스킷에 뚫린 가스구 멍과 같이 전체 면에 골고루 침투되도록 하여야 한다. 또한 투수성 포장의 간극이 이물질로 막히지 않도록 하려면 유지관리비가 많이 든다. 도로는 그 기능을 오래 유지해야 하는데 침투성 포장에 의해 강도가 낮아지면 유지보수비가 많이 든다.

이와 같은 투수성 포장의 문제점을 해결하기 위하여 다음과 같은 내용을 제안한다. 우리나라는 봄 가뭄과 여름 홍수가 매년 발생한다. 빗물을 지하에 침투시켜 지하수위를 보충하고 그 물이 천천히 하천에 공급되어 하천의 건천화를 막을 수 있다. 그러나 침투시설의 홍수 제어 효과는 매우 미미하다. 비가 많이 오는 여름에는 침투시설은 마치 한번 젖은 기저귀와 같이 침투능력이 많이 떨어진다. 투수형 포장을 설치하느라 많은 돈을 들였음에도 하수도나 하천에서의 홍수대비를 위한 비용은 별도로 투입해야 한다.

비스킷의 구멍의 예를 참조하면 빗물의 침투시설을 어떻게 해야 할지 알수 있다. 즉 일부의 표면에만 투수성 포장을 만들 것이 아니라, 전 지역을 대상으로 작은 규모의 저렴한 비용의 여러 개의 저장 및 침투 시설을 만드는 것이 바람직하다.

기존의 모든 도로를 투수성 포장으로 바꾸는 것은 비용과 기술상으로 불가능하고 효용성이 떨어진다. 현재 도로에 있는 빗물받이를 조금 개조해 빗물을 모아서 처리한 후 침투되도록 하면 침투효과를 높일 수 있다. 또 도로 옆에 작은 빗물저장조를 만들어 도로에 떨어진 빗물을 받아 처리한 뒤 서서히 침투시키는 방법도 있다. 저장된 물은 비상시 화재방지용이나 미세먼지 제거용, 열섬완화용 물뿌리기 등 다른 용도로도 사용할 수 있다.

물순환 건전화를 위하여 포장만 요란한 투수성 포장으로 바꾸기 보다는, 기왕이면 가뭄과 홍수를 대비하는 '저장과 침투를 동시에 하는' 다목적 시설로 만드는 것이 보다 더 실속이 있을 것이다.

받아먹는 물, 주워 먹는 물, 털어먹는 물

개구쟁이 아이들이 과자 때문에 싸우는 풍경을 보자. 어른이 모든 아이에게 골고루 충분하게 과자를 주는데 대부분 두 손만 사용하여 받는다. 나머지 과자는 모두 다 땅에 떨어져 더럽게 된다. 그런 다음에 대부분의 아이들은 과자가 부족하다고 불만이다. 어떤 힘센 아이는 다른 아이가 받은 과자를 빼앗아 먹는다. 어떤 아이는 저 멀리 떨어진 과자를 힘들게 주워서 가지고 와서 먹고 있다. 어떤 아이는 땅에 떨어져 흙이 묻은 과자를 털어서 먹는다.

이것을 해결하려고 과자를 더 많이 주더라도 아이들이 손으로 받는 양이 작기 때문에 부족하기는 마찬가지다. 이 때 가장 좋은 해결책은 모든 아이에게 바구니를 하나씩 나눠줘 과자를 바구니에 담아두면 갈등을 없애고 모두가 행복하게 만들 수 있다.

이와 비슷한 풍경은 우리나라의 물관리에서도 볼 수 있다. 국토부 통계에 따르면 1년에 우리나라에 떨어지는 빗물의 양은 1,290억 톤이다. 그 중 강이나 호수에서 퍼서 사용하는 양은 24%에 불과하다. 깨끗한 빗물이 지표면을 따라 하천의 하류로 내려가면서 더욱더 많은 오염물질이 들어가기 때문에 사용하기 위해서는 정수처리를 해야 한다.

그리고 도시에 공급할 때에는 물을 먼 거리로 송수하는데 엄청난 에너지가 든다(광역상수도). 어떤 경우에는 하천을 댐으로 막아서 자연환경과의 갈등을 유발하기도 하고, 홍수나 가뭄 시 물관리를 잘못하면 상·하류 사람들 간의 갈등을 유발하기도 한다.

하천에 오염물질이 있을까 두려워 고도의 처리방법(고도 정수처리)을 사용한다. 지하수를 집어넣는 양보다 더 많이 빼서 사용해 지하수위 저하로 인해 하천의 건천화가 발생하기도 한다. 우리 후손들이 사용할 물을 마구 퍼서 쓰는 셈이다(세대 간 갈등). 심지어는 한번 사용한 물을 다시 처리해서 마시라고 하거나 그것으로 농사를 짓기도 한다(중수도). 이때 가장 좋은 해결책은 빗물을 받을 수 있는 주머니를 이용해 떨어진 자리에서 바로 모아서 사용하는 것이다. 건물이나 도시 단위에 물 자급률 개념을 도입해 하늘이 주신 선물인 빗물의 사용률을 건물이나 도시를 계획할 때 지표로 삼는 것이다.

예들 들면 서울대 기숙사에서는 빗물이용시설을 설치해 2,000㎡의 지붕면에서 받은 빗물을 1년에 1,600톤가량 사용했다. 1년 강수량이 1,300mm이므로 2,600톤의 하늘이 주신 선물 가운데 60%정도를 사용한 것이다. 반면 지붕에 떨어진 빗물을 하수도로 흘려보내도록 설계되어 있는 대부분의 건물의 빗물이용률은 0%다.

수원시의 경우 1년에 1억 6,000만 톤의 빗물이 떨어지는데 비해 광역상수도로 9,000만 톤을 돈을 주고 사오는 것에 착안해 수원시 자체의 조례를 만들었다. 새로 짓는 건물이나 도시계획에 이러한 빗물 사용률을 지표로 삼고 관리해, 물 자급률을 높여 경제성과 물 공급의 안전성을 확보하려는 계획을 세우고 있다.

이와 같이 빗물관리에 대한 생각만 바꾸면 짧은 시간 안에 큰돈을 안 들이고 사회적 갈등을 유발하지 않으며 행복하게 물 부족 문제를 해결할 수 있다. 그것은 아이들에게 과자를 나눠주면서 싸움을 말려 본 경험이 있는 사람들은 다 알고 쉽게 활용할 수 있는 상식적인 방법이다.

빗물에 대한 잘못된 상식을 바로 잡고 기존 물관리 시스템을 빗물이용으로 보완할 때 저탄소 정책을 이룰 수 있으며, 우리와 우리 자손들에게 경제적이고 안전한 물관리 시스템을 만들 수 있다.

빗물관리에 대한 생각만 바꾸면 짧은
시간 안에 큰돈을 안 들이고 사회적
갈등을 유발하지 않으며 행복하게 물
부족 문제를 해결할 수 있다.

◑ 맞춤형 빗물관리

평균 성적이 낮은 반에서 특별 보충수업을 한다고 하자. 그런데 이 반 학생은 대부분 성적이 좋은데도 불구하고, 성적이 하위인 학생 몇 명 때문에 평균이 낮아졌다. 이 경우 교육 수준을 어디에 맞출까? 평균점을 기준으로 전체 학생에게 일률적인 교육을 시키면 상위그룹에게는 지루하고, 하위그룹에는 따라가기 어려워서 전체 학생이 불만이다. 이럴 때에는 학생의 수준에 맞는 맞춤형 교육이 필요하다.

물관리도 마찬가지이다. 평균적으로는 물 부족국가라고 하지만 같은 지역이라도 물이 부족한 시기와 풍족한 시기로 나뉜다. 또 같은 시기라도 물이 많은 지역과 적은 지역으로 구분된다. 이들을 모두 한 개의 잣대에 의해 일률적으로 관리를 하는 것보다는 맞춤형 물관리가 더 합리적이다.

우리나라의 기후특성상 물이 부족한 시기는 존재하기 마련이다. 가뭄 때는 물 부족을 실감 하지만, 홍수 때는 전혀 그렇지 않다. 예를 들면 홍수 시 팔당수문을 열어서 빗물을 방류하는데, 그 때의 양이 초당 만톤(10,000㎥/초)이다. 하루가 86,400초이므로, 하루에만 8억 6,000만 톤의 수자원이 버려지는 것이다. 그런데 10년 후에 우리나라의 수자원 계획에서 물이 부족한 양이 8억 톤이라고 하니 이 수치와 비교된다.

지역적으로 대도시와 근교의 시민들은 물 부족을 실감하지 못한다. 특히 비가 많이 오는 여름에는 더욱 이해를 못한다. 그러나 봄마다 섬 지방에서는 엄청난 물 부족을 경험하고 있다. 우리나라가 물 부족국가라고 하는데는 이견이 있을 수 있지만, 물이 부족한 지역과 시기가 일부 있다는 것에는 모두 동의할 것이다. 이를 해결하기 위해서는 지역적인 물의 특성에 따른 맞춤형 물관리가 필요하다.

부족한 시기에 대한 가장 좋은 해결책은 저축이다. 여름에 많이 오는 빗물의 일부를 모아두면, 겨울이나 봄에 잘 사용할 수 있다. 문제는 빗물을 저장하는 장소와 방법이다. 가장 싸고 효과적인 방법은 빗물을 땅속에 침투시켜 지하수로 보관하는 것이다. 그러면 우물을 이용하여 쉽게 사용하고, 개울도 마르지 않게 자연적으로 물이 공급된다.

여기에 첨단의 기술을 도입하여 빗물을 관리 할 수 있다. 첨단소재를 이용한 이동식 빗물 저장조를 가정이나 동네주위에 1~500톤 규모로 분산해서 설치하고 각 저장조 내 수량과 수질을 인터넷을 통해 실시간으로 관리하는 것이다. 이러한 저장조를 산과 들에 고루 설치 해두면 봄 가뭄은 물론 산불에도 대비하여 과학적이고 능동적으로 대처할 수 있다. 특히 차량 접근이 곤란한 산지의 문화재 근처에 몇 개만 놔두면 물 공급은 물론 화재방지 등 다목적 활용이 가능하다.

각자 자기 지역에 공짜로 떨어지는 빗물을 최대한 활용하되 모자란 양만 다른데서 빌려온다면 물에 의한 지역간 갈등을 줄일 수 있다. 또한 물을 사서 장거리 수송하는데 드는 비용과 에너지도 줄일 수 있다. 상습적으로 가뭄의 고통을 겪는 섬 지방을 대상으로 첨단의 맞춤형 빗물관리 시범사업을 정부부처에 제안한다. 물이 부족한 섬 지방에서 최악의 여건을 극복하여 나온 기술은 우리나라의 물 부족 지역 어디서나 적용이 가능할 것이다. 물 부족 지역에서 물 문제를 해결하면 우리나라는 이미 물 부족 국가가 아니다. 우리의 전통철학에 바탕을 두고, 첨단기술을 접목시킨 다목적의 맞춤형의 빗물관리 기술은 기후변화로 위협을 받는 다른 나라 국민들의 생명과 재산을 지켜주면서 훈훈한 정까지도 주고받을 수 있다.

다목적 분산형 빗물관리

2011년 집중강우로 인해 서울 광화문 일대가 침수피해를 당했다. 대책으로 30mm의 강우를 대비해 하수도를 증설하겠다고 내놨지만 기술검토는 물론 그에 따른 천문학적 비용조달방안이나 시기적 목표도 불분명 하다. 기후변화에 강한 도시를 만들기 위해서는 이번 피해의 원인을 올바로 파악하고 새로운 패러다임의 빗물관리 도입이 필요하다.

빗물이 흘러가는 양은 다음 공식으로 표시된다.

$$Q = C \times i \times A$$

여기서 Q는 빗물이 유출 되는 양, C는 유출계수, i는 강우강
도, A는 유역의 면적이다.

같은 면적(A)에 똑같은 강도의 비(i)가 오더라도 개발 등에 의
하여 유출계수가 커지면(C) 빗물의 유출량(Q)은 증가한다.

즉 녹지에 10이란 비가 내렸을 때 내려가는 빗물은 3~4(C=0.3~
0.4)였다면 콘크리트로 바뀐 후에는 6~8(C=0.6~0.8)이 내려간다.
개발로 인하여 같은양의 비가 오더라도 두 배의 비가 온 것과 같
이 빗물이 내려간다는 것이다.

침수의 이유는 하수관의 용량보다 더 많은 빗물이 흘러 들어
왔기 때문이다. 이전에 멀쩡했던 하수관이 넘쳤다면 유출계수의
변동에 대한 대책을 안 세운 것을 탓해야 한다. 다시 말하면 원인
을 광화문의 하수도 용량부족에서 찾을 것이 아니라 상류의 북
악산 유역의 난 개발에서 찾아야 한다.

광화문 침수피해는 최근 개발에 의해 상류에서부터 내려온
빗물이 광화문에 설계된 하수도의 용량보다 많았기 때문이다. 전
국에 개발된 모든 지역의 하류에서는 항상 이러한 위험이 존재한
다.

홍수에 대한 새로운 진단과 새로운 처방이 필요하다. 첫째는
빗물을 버리지 않고 모으는 것이다. 현재의 빗물관리 정책은 비

가 내린 즉시 빠르게 하류로 내버리는 것이다. 그 결과 하류의 하수도 위험성이 높아지고, 지하수위는 떨어지고, 하천이 마르게 된다. 생각을 바꾸어 빗물을 모은다면 홍수를 방지하고, 수자원으로 확보하고, 지하수를 충전시키고, 하천에 물을 공급할 수 있다.

둘째는 다목적으로 만드는 것이다. 현재 있는 홍수방지용 빗물펌프장은 일년에 가동하는 날이 며칠 안 된다. 또 더러워진 빗물을 낮은 지대에서 모으기 때문에 사용하려면 처리와 운송에 에너지가 든다. 수자원 확보나 지하수 충전은 생각도 못한다. 생각을 바꿔 홍수와 물 부족, 에너지 절약을 위한 다목적의 시설로 만들면 일년 내내 사용할 수 있다.

셋째는 분산형 관리다. 지금까지는 빗물을 하천 근처에 있는 몇 개 안되는 대형시설에서만 관리를 해왔다. 꽉차있는 팔당댐에 비가 더 오면 아까운 수억톤의 수자원을 버려야만 하고, 그 다음 해 봄에는 물 부족을 탓하는 불합리한 관리다.

대신 유역전체에 걸쳐서 여러 개의 작은 시설을 만드는 분산형의 빗물관리를 하면 위험도도 분산돼 안전하게 물관리를 할 수 있다. 작은 시설들은 지역 기술로도 잘 만들고 자발적으로 관리도 할 수 있다.

넷째는 책임 소재를 분명히 하는 것이다. 상류의 개발자가 원인을 제공해 하류에 하수관을 증설해야 하는 원인을 제공했을 땐 개발자가 그 비용을 부담하든지 스스로 빗물을 저류 또는 침투시켜 빗물의 유출량이 이전보다 더 커지지 않도록 의무화하는 것이다. 이러한 제도를 개발 때부터 반영하면 추가비용이 별로 들지 않으며 그만큼 재해예방 및 복구 예산이 줄어든다.

새로운 패러다임의 빗물관리 사례가 광진구의 주상복합시설에 만들어져 세계적인 모범사례로 알려져 있다. 개발시 경제적 인센티브를 주고 홍수방지 및 수자원 절약, 에너지 절약, 비상시 물확보 방안 등 관련된 모든 사람이 윈-윈해 갈등을 일으키지 않는 상생적인 빗물관리가 가능하다는 것을 보여주고 있다.

기존 도시에서 기후위기에 대응하는 방법은 이 방법 외에는 없다. 우리나라와 같이 열악한 기후조건에서 성공한 정책과 기술은 전 세계 어디에도 적용할 수 있다는 비전을 가지고 새로운 패러다임을 적용해야 한다.

◼ 홍익스타일 레인하우스

지난 설 연휴에 일본의 빗물박사인 무라세씨의 집을 방문하였다. 스미다 구청의 공무원 생활을 마치고 동경에서 두 시간 거리의 고텐바라는 곳에 집을 짓고 부인과 함께 농사를 지으며, 집필과 해외빗물시설지원 활동을 하고 있었다. 멀리 눈 덮인 후지산이 보이고, 눈 녹은 물이 졸졸 흐르는 계곡의 옆의 논 안에 150㎡ 정도의 부지에 90㎡ 정도의 집을 재개발해서 살고 있다. 이곳은 사시사철 아름다운 경관과 물소리, 새소리, 바람소리가 들려오는 아름다운 집이다. 그러나 이 집을 만들 때의 빗물에 대한 철학과 기술의 진보성이 특별하였다.

이 집이 특이한 것은 첨단의 빗물관리를 고려한 레인하우스라는 것이다. 마당에 들어가면 지상에 콘크리트로 만든 18톤짜리 빗물탱크가 있고, 정원에는 5톤 정도 규모의 아담한 연못이 있다. 수돗물이 들어오지만 주방과 화장실에서는 수돗물과 빗물을 같이 사용하도록 되어 있다.

이 집은 빗물에 대한 생각이 남다르다. 첫 번째로 부지에 떨어지는 모든 빗물을 하늘의 선물로 생각하고 소중히 다루고 있다. 우선, 지붕에서 받은 빗물을 받아 상수원으로 확보하였다. 그 양은 외부에서 수도물 공급이 없더라도 자급할 수 있는 양이다. 또한 지붕에 떨어지는 빗물이 하류에 홍수의 피해를 주지 않도록 연못을 파 놓고, 큰 비가 올 때 미리 비워 놓을 수 있도록 설계를 하였다. 보통의 경우에는 넘친 빗물이 땅속으로 침투된다. 집을 지으면서 남에게 피해를 주지 않는 사회적 책임을 다 한 셈이다. 본인도 행복하고, 하류사람도 행복하고, 땅속의 생물도 행복한 시설을 만든 셈이다. 이것은 우리나라에서 마을을 뜻하는 동(洞)자 철학을 실천한 것이다.

두 번째는 기술적인 것이다. 물을 사용하는데 동력을 사용하지 않고, 특별하거나 비싼 자재를 사용하지 않는다. 지붕에서 홈통으로 땅위에 있는 빗물탱크로 연결하여, 그 수위를 이용하여 주방이나 마당에 무동력으로 물이 공급된다. 탱크의 입구에는 철망을 두어 나뭇잎 등의 이물질을 걸러낸다. 특이한 것은 빗물 탱크가 침전조의 역할을 충분히 할 수 있도록 한 것이다. 가라앉은 찌꺼기는 무동력의 자동세척 시스템을 통하여 외부로 빼어 낸다. 수위 측정시설을 만들어 물이 얼마나 남았는지를 알 수 있다. 벽 내부에 붙어 있는 미생물의 막은 스스로 살균작용도 한다.

전문가로서 한마디를 하였다. 두 식구 쓰는데 18톤짜리 탱크는 너무 크지 않느냐고, 그런데 그 대답에 깜짝 놀랐다. 근처에 60가구가 살고 있는데 만약에 지진이나거나 화산이 폭발하여 수돗물 공급이 끊기면 한사람이 3리터씩 한 달을 버틸 수 있도록 크게 만들었다는 것이다. 주위 사람들의 안전을 위한 배려이다. 주민들도 여기에 동의하고 고마워하고 있다.

이와 같이 집을 하나 짓는데도, 자기만을 위한 것이 아니라, 이웃도 배려하고, 하류의 사람도 배려하고, 후손도 배려하는 소위 모두가 행복한 홍익인간 철학을 집어넣고 만들었는데 별도의 비용이 엄청나게 더 들지는 않는다. 오히려 사회적인 비용을 고려하면 더 경제적이다. 비슷한 홍익스타일의 빗물시설은 우리나라에서 먼저 시범을 보인바 있다. 스타시티에는 3천 톤짜리 빗물시설을 만들어 수자원확보, 홍수방지, 비상용수 확보의 기능을 주어 모두가 행복하게 만들었고, 서울대학교 35동에는 옥상 텃밭을 만들어 모두가 행복하게 만든 사례가 있다.

기후위기와 물 부족으로 전 세계가 고통을 받고 있는데, 홍익 스타일의 레인하우스로 물 부족과 홍수를 일부나마 방지할 수 있다. 도시의 집집마다 이런 식으로 해결을 하면 도시차원에서도 물 문제에 대한 해답이 보인다. 한국의 국제협력사업단 (코이카) 에서 개도국에 물에 대한 지원을 할 때도, 이와 같은 모두가 행복한 홍익스타일의 철학과 기술을 이용한다면 우리나라의 위상이 올라갈 것이다.

우리 사회에서도 이러한 풀뿌리 차원의 빗물관리 시범사업이 많이 이루어지도록 정부가 행정적, 재정적, 기술적 지원을 하여야 한다. 민간 차원에서도 그러한 시범사업을 하기 위한 기부나 십시일반의 도네이션을 할 수 있는 사람들을 모집하면 재정 문제를 쉽게 해결할 수 있다. 이러한 홍익스타일의 레인하우스가 풀뿌리 차원에서 많아지고, 그 효과가 많이 홍보된다면, 거꾸로 정부 정책을 수립하는 데 많은 도움이 될 것이다. 빗물시설들은 비교적 간단하여 지역에 있는 인력과 기술을 이용하여 만들 수 있다. 새로운 개념의 철학과 기술을 바탕으로 많은 사람들이 협력한다면 물 문제 해결을 위한 천문학적인 비용을 줄일 수 있고, 지역의 일자리도 창출할 수 있다. 홍익스타일로 전 세계적으로 우리나라의 위상을 올리고, 물 문제 뿐 아니라 다른 복잡한 문제도 슬기롭게 풀 수 있을 것이다.

모두를 행복하게 만드는 홍익스타
일의 레인하우스가 풀뿌리 차원에
서 많아지고, 그 효과가 많이 홍보
된다면, 거꾸로 정부 정책을 수립
하는데 많은 도움이 될 것이다.

물순환

물순환과 빗물

깊은 산속 옹달샘 누가 와서 먹나요.
새벽에 토끼가 눈 비비고 일어나
세수하러 왔다가 물만 먹고 가지요.
맑고 맑은 옹달샘 누가 와서 먹나요.
달밤에 노루가 숨바꼭질하다가
목마르면 달려와 얼른 먹고 가지요.

어렸을 때 부르던 윤석영 선생님이 작사하신 옹달샘이란 동요가 있다. 이 노래 가사에서 물관리의 본질을 생각하는 교훈을 찾을 수 있다. 인간과 마찬가지로 깊은 산에 사는 동물이나 식물들도 생명을 유지하는데 물이 가장 중요하다. 군데군데 오목한 웅덩이에 빗물이 모이고, 또 빗물이 땅에 스며들어 저절로 옹달샘에 공급이 되는 완벽한 물 순환 시스템에 의해서 숲속의 생명이 지속되어 온 셈이다.

지금까지 개발지상주의의 시대에는 산에서 나무를 베어내어 건물이나 밭을 만들고, 빗물을 빨리 흘러버리게 만들었다. 산중턱에 설치된 도로는 양 옆의 경사면에 떨어지는 빗물을 내버리는 고속도로가 된다. 산의 하류에 댐을 만들고, 물이 필요하다면 수도관을 매설해서 펌프로 공급하였다. 유역을 넘어서까지 가져가기도 간다. 이렇게 하면 사람은 살지만, 생태계에 있는 토끼나 노루 같은 동식물은 살수가 없다. 주위에는 물이 없고, 댐까지 물을 먹으러 갔다 오기에는 너무 멀기 때문이다.

이러한 방법은 오로지 인간만을 고려한 이기적인 방법이며 전혀 지속가능하지 않다. 깊은 산에 숲을 만들고 옹달샘을 만들어 빗물을 보전하면 물 순환을 건전하게 할 수 있다. 깊은 산 속의 숲에 여기저기 웅덩이를 만들면 하류로 한꺼번에 내려가는 물의 양이 줄어들어 홍수를 방지할 수 있다. 모여진 빗물은 땅속에 침투되기도 하고, 고여 있기도 하여, 거기서 작은 곤충, 새, 개구리, 뱀, 토끼, 노루 등의 작은 생태계가 만들어 진다. 물이 증발하면서 그 곳의 온도가 시원해지고, 산 위에서 부는 바람을 시원하게 만든다. 산 속에 옹달샘을 만들면 물 순환이 건전해지고, 기후변화에 대한 홍수, 가뭄 등을 줄일 수 있으며, 도시를 시원하게 만들 수도 있다.

'After us, the deluge'란 영어 숙어가 있다. '우리가 죽은 뒤의 일이야 무슨 상관이예요'이란 뜻으로, 프랑스 혁명 당시 왕인 루

이 15세의 정부인 마담 퐁파두르가 자포자기 하면서 한 말이다. 우리가 지금 하고 있는 물관리 방법은 'After us, the desert or the deluge'라는 숙어로 쓸 수 있다. 즉, '우리가 죽고 난 다음에 가뭄이 나든지, 홍수가 나든지, 무슨 상관이야'라는 무책임한 방법으로 하고 있는 것은 아닌가 반성해야 한다.

산지의 빗물 모으기 방법은 지역에서 쉽게 구할 수 있는 재료와 지역의 인력을 이용하여 다양한 형태의 사방댐을 만들고 침투구덩이, 등고선구, 저수지 등을 주위 지형과 어울리게 아름답게 만들면 된다. 설치한 바로 그 다음해부터 홍수, 가뭄, 토양침식의 방지 효과가 나타난 사례가 많다. 지역의 일자리 창출은 물론, 지역의 특성에 맞는 아름다운 시설들을 성공적으로 만든 사례가 세계 곳곳에서 만들어지고 있다. 깊은 숲속에 옹달샘이 만들어지고 있는 것과 다름이 없다. 특히 땅이 물을 가지고 있으면 증발에 의한 기화열로 대지의 열섬현상을 줄일 수 있다.

우리 선조들은 열악한 기후 및 지형조건을 극복하고 삼천리 금수강산을 만들어 우리에게 유산으로 물려주었다. 그 결과 어디나 조금만 파더라도 땅에서 물이 나왔다. 촉촉하게 적셔진 땅은 증발할 때 발생하는 기화열로 마을과 도시가 시원했다. 그런데 지금은 지하수위가 많이 떨어지고, 지표면은 말라버리고, 그 때문에 태양의 복사열로 더 많이 더워지고 있다. 숲과 옹달샘을 없애고, 빗물을 모으는 대신 버리도록 개발을 했기 때문에 우리의 선조들이 땅속에 모아두었던 물의 유산이 바닥이 난 셈이다.

현재의 물관리 방법은 건전한 물 순환과는 거리가 멀다. 가령 소하천 정비라는 것은 수로를 반듯하게 하고 바닥을 골라서 장애물을 없애서 빗물을 하류로 빨리 보내버리기 위한 것이며, 논을 밭으로 전환하는 것은 물을 모으는 저류지를 없애는 것이고, 논이나 밭에 비닐하우스를 만드는 것은 땅으로 물이 들어가지 못하게 하여 홍수를 일으키고, 또 지하수 보충을 못하는 것이다. 도시계획이나 설계에서는 빗물을 하수도를 통해 버리거나 빗물펌프장 등으로 빗물을 빨리 버리게 한 다음, 물이 필요하면 멀리 있는 다른 곳에서 상수도를 공급받는 식의 물관리를 하고 있다. 이러한 방법 모두 다 에너지를 많이 쓰고, 유지관리비가 많이 들고, 그 결과 만약의 위험이나 사고가 발생할 때 인간이나 자연 모두 엄청난 고통과 손해를 가져오게 된다.

그 이유는 물에 대한 철학이 부족하기 때문이다. 모두 현재의 나만을 위한 이기적인 생각을 가지고 관리한 것이다. 그 결과는 같은 강도의 비가 오더라도 홍수가 발생하고, 지하수 수위가 낮아지고, 가뭄이 상습적으로 나타나고, 산불이 나고, 기록적인 고온 현상이 발생하게 된다. 이로 인하여 우리 도시는 안전과는 거리가 멀어지고, 그것을 회복하기 위해 다시 천문학적인 사회적 비용을 요구하게 된다.

우리나라에 건전한 물순환을 만드는 것은 서양사람들에 비해 비교적 쉽다. 우리 선조들이 했던 철학을 따르면 되기 때문이다. 그 철학이란 다름아닌 지금 당장의 나만이 아니라, 주위 사람, 생태계, 그리고 후손까지도 생각하는 모두가 행복하게 하는 홍익인간의 정신이다. 그것은 우리 주위에 옹달샘을 많이 만드는 것에서부터 시작된다. 대규모 집중형 시설이 아니라, 소규모의 분산형의 시설들을 많이 만들어 다목적으로 사용하는 것이다.

우리의 빗물관리의 철학과 기술은 전 세계 어디에 내놓아도 뒤지지 않는다. 가장 어려운 자연여건에서 금수강산을 만든 실력이 있기 때문이다. 여기에 우리 고유의 첨단 기술을 개발해서 덧붙이면 우리나라에 건전한 물순환을 회복시킬 뿐 아니라 기후변화로 고통 받고 있는 다른 나라에 진출할 수 있는 새로운 물산업의 시발점이 될 수도 있을 것이다.

▰ 마른 계곡에 빗물을 허(許)하라

어렸을 때 맑은 물이 졸졸, 콸콸 소리 내어 흐르는 계곡에서 송사리나 가재를 잡고, 멱을 감고 물장구치던 추억이 생생하다. 계곡은 감수성이 풍부했던 어린 시절에 자연을 배우며 정서를 함양하고 친구를 사귀며 호연지기를 배울 수 있는 최고의 장소였다. 하지만 요즘 도시근방에 위치한 대부분의 계곡에 그러한 추억거리를 찾아보기 힘들어졌다. 겨울과 봄에는 물이 말라서 없다가 여름에는 물이 너무 많이 쏟아져서 홍수가 발생한다. 우리의 후손에게도 우리가 계곡에서 누렸던 그러한 즐거움을 남겨주어야 하지 않을까?

일부 전문가들은 계곡에 물이 없는 원인을 기후변화 때문으로 돌린다. 이에 대한 해결책은 하늘만 쳐다보는 수밖에 없다. 어느 도시에서는 펌프로 강물을 퍼서 계곡에 물을 대는 방법을 적용하고 있으나, 이는 돈과 에너지가 많이 들기 때문에 지속가능하지 않는 방법이다. 정작 이러한 문제의 원인은 잘못된 빗물관리이다.

첫째, 계곡을 홍수방지용으로만 정비했기 때문이다. 계곡이나 하천에 있던 돌부리나 웅덩이, 나뭇가지 등 거추장스러운 것들을 모두 없애고 물을 빨리 내다 버리다 보니 가뭄 때는 남아 있는 물이 없다. 둘째, 지하수위가 낮아졌기 때문이다. 계곡의 물은 주변의 지하수로부터 보충이 되는데, 하천 주변이 개발되면서 불투수면이 늘어나는 바람에 빗물이 땅속으로 들어가는 양이 줄어든다. 게다가 지하수를 뽑아 쓰는 양이 늘어나고 있어 지하수위가 더 낮아지고 있다. 셋째, 하천 양안에 설치된 잘못된 하수도 때문이다. 합류식 하수도 시스템을 가진 지역에서는 오수나 빗물을 모두 다 한 개의 큰 관에 넣어 하수처리장으로 끌고 가니 계곡으로 들어갈 빗물을 원천 차단하는 셈이다. 분류식 지역에서는 오수만 흘려야 할 오수관에 빗물이 흐르는 배관이 잘못 연결되거나, 맨홀뚜껑, 관연결부의 틈새 등으로 빗물이나 지하수가 새어 들어가 계곡이 마르는데 일조를 한다.

원인을 파악했으니 대책은 간단하다. 첫째, 계곡을 설계할 때 홍수와 가뭄을 동시에 고려하는 것이다. 돌부리, 식재 등으로 자연스럽게 물의 저항을 만들어 주고, 계곡 물의 일정량을 머무르게 하여 물이 천천히 내려가게 해 준다. 계곡을 정비하기 이전의 자연 상태로 환원시키면 된다. 비가 올 때 한꺼번에 몰려드는 빗물을 전체 유역에서 천천히 내려오도록 잡아두면 홍수에도 대비할 수 있다. 둘째, 빗물이 땅속으로 더 많이 스며들 수 있도록 전체 유역에 걸쳐서 침투시설을 만들고, 지하수 사용을 규제하여 지하수위를 올려주어야 한다. 셋째, 기존의 하수도를 다시 점검하여 빗물이 맨홀, 배관, 접합부 등을 통해 하수도로 가지 않고 계곡으로 흘러나가도록 하는 것이다.

이와 같은 새로운 패러다임의 빗물관리대책은 상식적으로 타당하고, 국외에도 성공한 사례들이 많이 있다. 우선 소규모로 어느 한 계곡을 정하여 시범사업을 해보자. 그 지역의 자연, 전통, 문화적 특성을 고려하여 지역주민들이 힘을 모아 여러 가지 방법을 찾아내는 것이다. 지역에 임시적인 일자리를 만들면서 지역의 자랑거리로 만드는 효과도 있다. 지속적인 모니터링을 통하여 설계의 보완점을 찾고, 공학적인 설계 및 유지관리 가이드라인을 만들면 시행착오도 줄일 수 있다. 만약 시범 사업에서 올바른 방법을 성공적으로 찾아내고 그 방법을 다른 계곡에 적용한다면, 전국의 계곡이 살아날 수 있다. 이것이 우리 선조들이 금수강산을 유지해왔던 방법이며, 우리 후손에게 유지관리의 부담을 지우지 않는 지속가능한 방법이다. 과거 수백만 년 동안 계곡과 하천의 주인공이 빗물이었던 것처럼, 앞으로도 그리되어야 할 것이다.

🐾 비를 품은 땅

과거에는 우리나라 삼천리금수강산 어디를 파도 물이 나왔다. 땅이 물을 품고 있었기 때문이다. 그 물은 빗물이었다. 그 물은 지하수가 되어 개울에 항상 물이 흐르게 했다. 지금도 개천에서 가재도 잡고 물장구도 치던 추억이 아련하다. 포장이 되지 않은 산길에는 지렁이, 개미, 땅강아지, 두더지 등의 무수한 생명체들이 부지런히 땅에 구멍을 뚫어 빗물이 땅속에 침투되는 것을 도왔다. 자연의 일부로서 모든 생명체가 힘을 합하여 조화롭게 물관리를 한 셈이다.

그런데 지금은 어떠한가? 도시화가 되면서 땅이 포장 되고, 지붕으로 덮여서 더 이상 땅이 물을 품을 수 없게 되었다. 게다가 지하수는 공짜라는 생각으로 너도나도 지하수를 퍼 쓰고, 지하철이나 높은 빌딩의 지하층 침수를 방지하기 위해 일부러 지하수위를 낮추는 일까지 자행되고 있다. 빗물은 땅에 안 집어넣고 지하수를 많이 퍼서 지하수 수위가 떨어지는 것은 마치 수입은 없는데 지출만 많은 못사는 가정의 가계부를 보는 것과 같다. 이젠 물이 흐르는 하천과 그 옛날의 낭만적인 추억 모두를 우리 후손들에게 전달하지 못하게 되는 것이 안타깝다. 지표면에 살면서 빗물의 침투를 도와주던 생명체들은 거의 다 사라졌다. 물 순환의 왜곡이 심해져 이젠 물 부족 현상을 일으키고 있다. 비가 많이 올 때면 유출저감 효과가 떨어져서 홍수가 나고, 각 도시마다 물을 자급하는 능력이 떨어져 단수나 화재 등 비상시에는 속수무책이 된다. 몇년 전 경북 구미시의 단수 사고 시, 돈 많이 들여 멋있게 만든 물 인프라가 정작 필요할 때는 전혀 도움이 안 되는 경우를 보아왔다.

이에 대한 대책은 땅에 빗물을 품게 하는 것이다. 그것은 의외로 간단하여 몇 가지 원칙만 지키면 누구든지 큰 돈 들이지 않고 할 수 있다. 첫째, 빗물이 떨어진 그 자리에서 처리하도록 한다. 건물의 홈통에서 떨어진 빗물은 홈통 밑에 있는 침투박스를 통해 흘러들어가게 한다. 그리고 정원은 보일락 말락하게 울퉁불퉁하게 만들어 물이 오목한 곳을 찬 다음 흐르도록 한다. 둘째, 빗물이 천천히 흐르도록 한다. 두 지점 사이의 최단 거리로 흐르게 하기 보다는 지그재그로 길게 흐르도록 한다. 또한 물이 지나가는 길목에 장애물을 두어 거기서 에너지를 소진한 후 내려가도록 한다. 셋째, 빗물이 땅에 많이 닿게 한다. 오목한 곳이나 작은 웅덩이를 만들어 그리로 물이 들어가게 하고, 그곳에 물을 채운 후에 흘러 내려가도록 하는 것이다. 실제로 이와 같이 하여 연간 강우량이 300㎜도 안 되는 미국 애리조나 사막지역의 산에 물이 흐르고 숲이 우거지게 만든 사례가 있다.

4월 5일 식목일 날 돈 많이 안들이고 나무도 심고 물관리도 할 수 있는 오목형 나무심기를 제안한다. 나무의 주위를 오목하게 파서 거기에 물이 저류되고 침투되도록 하는 것이다. 이외에도 우리는 여기저기에 오목형 물관리를 적용 할 수 있다. 경사면에 눈썹모양으로 땅을 돋우어 위에서 흘러내린 물이 고이도록 하는 것, 또는 주위의 돌멩이와 나무를 모아 작은 옹달샘을 만드는 것이다. 물관리를 하천변에서 커다란 시설 한두 개로 하기 보다는 유역전체에서 작은 시설을 많이 설치하는 면(面)적인 물관리를 하는 것이다.

어느 경사면 한군데를 정하여 지역주민들이 모두 힘을 모아 경사면 전체에 오목형 물관리의 시범사업을 해보자. 그러면, 경사면 하류의 홍수가 줄어들 것이고, 또 지하수위 보충으로 개울에 물이 흐르고 그곳엔 가재와 개구리 등이 놀며, 더불어 옛 추억까지 회복될 것이다. 땅에 비를 품게 하라. 그러면 하류 사람은 물론 자연도 그리고 후손들도 행복해질 것이다.

땅에 비를 품게 하라. 그러면 하류
사람은 물론, 자연도, 그리고 후손
들도 행복해질 것이다.

빗물은 돈

빗물로 에너지와 돈 버는 방법

1. 수원에 따른 에너지 소비량

컵에 물을 가득 담아 놓고 물에게 물어본다. '너 여기까지 오느라고 에너지가 얼마나 들었니'라고. 서울과 수도권의 수돗물의 경우 한강상류의 팔당의 정수장에서 처리를 한 후, 펌프로 운반을 하는데 이때 에너지가 엄청나게 들어간다. 에너지는 원수 수질이 나쁠수록 처리 에너지가 많이 들어가고, 거리가 멀수록 운송에너지가 더 들어간다. 서울의 경우 수송거리를 15km로 가정하면 수돗물 1 톤당 0.24kWh가 사용된다. 정수장의 자료에 의하면 처리에 약 10%, 운반에 약 90%의 에너지가 소비된다. 전 국민이 하루라도 수돗물을 사용하지 않는 날이 없으니 수돗물이야 말로 에너지 잡아먹는 하마인 셈이다. 요즈음 정부에서는 하수처리수를 재이용하는 것을 의무화하고 있다. 지저분한 하수를 처리할 때의 에너지는 1톤당 1.2kWh 이다. 사용처가 멀수록 운반에너지가 더 들어간다. 섬 지방에서는 해수담수화 시설로 수돗물을 생산한다. 이때 드는 에너지는 1톤당 4~8kWh 이다. 정수하는데 엄청난 에너지가 드는 것은 물론 멀리 내륙까지 공급하는데 드는 운반에너지는 별도이다. 지하수의 경우 처리는 안한다고 쳐도 지하에서 수직으로 뽑아 올리는 에너지가 상당하다. 200미터 깊이의 경우 톤당 1.0kWh가 들어간다. 외국산 생수는 배나 비행기를 타고 한국에 오기 때문에 엄청난 양의 에너지를 이미 써 버린 셈이다. 앞으로 이 병을 모아서 처분하는데 드는 에너지는 엄청나다. 그런데 지붕에 떨어지는 빗물을 빗물저금통에 받아두면 생활용수로 쓸 수 있다. 중력을 이용한 침전처리를 하므로 처리에 드는 에너지는 없다. 운반 에너지는 단지 지하에서 1층까지 올리는데 0.0012kWh만 사용돼 수돗물의 1/200만 사용될 뿐이다. 따라서 빗물을 사용하는 만큼 에너지를 줄이는 셈이다.

2. 빗물로 도시의 에너지 줄이기

빗물을 이용하면 홍수방지 뿐만 아니라 수자원 활용과 비상시 이용 뿐 만 아니라 에너지도 엄청나게 줄일 수 있는 장점이 있다. 또한 더울 때 지붕면이나 도로면에 모아둔 빗물을 뿌려주면 냉방의 효과도 있다. 실제로 축사에서 빗물을 모았다가 더운 여름에 지붕에 뿌려주어 축사내의 온도를 2도 정도 낮추어준 경우가 있다. 하수처리장으로 흘러들어가지 않으므로 하수처리에너지도 줄일 수 있다. 이런 면에서 빗물이 에너지 측면에서도 효자이다. 그런데 이 효자 빗물이 모든 정부정책에서 외면 받아오거나, 저평가되어 있다. 도시를 유지관리 하는데 전력, 교통, 냉난방, 물류수송 등에 엄청난 에너지가 든다. 그 중의 3~5%가 상하수도 등 물관리에 드는 에너지라고 한다. 기존의 에너지 수요처는 일정하므로 시민이 불편을 느끼지 않게 하면서 새로 줄일 곳을 찾기는 어렵다. 하지만 기존의 물관리에 적극적으로 빗물을 고려한다면 많은 에너지를 절약할 수 있다. 농사에도 사용할 수 있다. 지하수를 퍼서 농사를 지을 때도 에너지가 많이 든다. 빗물을 받으면 그만큼 에너지를 사용하지 않아도 된다. 더욱 좋은 것은 빗물을 이용하면 식물이 훨씬 더 잘 자란다는 것이다. 빗물로 에너지를 생산하는 방법도 있다. 산중턱에서 빗물을 모으면 그 위치에너지를 이용하여 수력발전도 할 수 있다.

3. 빗물의 위치에너지

빗물을 모을 때 생각해야 할 것이 있다. 상류에서 모을 것인가? 하류에서 모을 것인가? 이다. 상류에서 받으면 오염도 덜하고, 위치에너지도 확보해 여러 가지 용도로 사용이 가능하다. 반면에 빗물을 하류에서 받으면 오염도 심하고, 위치에너지도 잃어버려 사용용도가 제한이 되고 사용하려면 별도의 에너지를 투입해야 한다. 우리는 지금까지 여러 가지 방법으로 빗물을 모아 왔다. 댐도 빗물을 모으는 것이고, 빗물유수지도 빗물을 모았다가 퍼서 버리는 것이다. 강남역 등 서울시 침수에 대비해 대심도 지하터널도 구상중이다. 그런데 모두 다 에너지의 관점에서 생각해 볼 필요가 있다. 일단 더러워진 물을 처리하는데 에너지가 들며, 지하 40미터 밑에 집어넣은 물을 퍼내기 위해서는 또 엄청난 에너지가 든다. 대규모 빗물저류시설을 설치하면 그 건설비는 물론 엄청난 유지관리비가 들어야 한다는 것과 그 비용은 고스란히 우리 자녀가 내야 할 것을 알아야한다. 빗물, 가능하면 위에서 더럽혀지기 전에 위치에너지를 유지하면서 받자. 그것이 공짜로 하늘에서 주신 선물을 잘 받아서 사용하는 원칙이다. 빗물은 돈이자 에너지이다. 우리 후손들의 지속가능한 삶을 위해 반드시 잘 관리해야 하고, 그 관리방법을 우리 후손에게 물려줘야 할 것이다.

저탄소 정책의 효자, 빗물

요즈음 기후변화에 대비한 수자원 절약과 홍수방지 차원에서 빗물관리가 많은 관심을 끌고 있다. 경기도에서는 2012년부터 새로 짓는 아파트에 빗물이용시설을 의무화하는 조례를 검토하고 있다.

아산 탕정 신도시에서는 도시전체에 떨어지는 빗물을 버리는 대신 떨어진 그 자리에서 받아서 다목적으로 활용하는 방안이 계획되고 있다. 우리나라의 '기후변화적응을 위한 레인시티의 확산'이라는 프로젝트는 국제물학회(IWA)에서 주는 창의프로젝트상에 선정되어 전 세계 물관리하는 사람들의 귀감이 되고 있다.

빗물은 정부의 저탄소 정책의 효자 노릇을 톡톡히 하고 있다. 얼마나 효자인지 에너지 사용량을 이용하여 수치로 증명해보자. 수돗물 1톤을 공급하기 위해서는 광역상수도, 지방상수도, 지하수, 하수처리수 재이용, 해수담수화 등 여러 가지 공급방안이 있다. 물을 공급하려면 처리에너지와 운반에너지가 들어간다. 처리에너지는 처리해야 할 오염물질의 양과 비례하고 운반에너지는 거리에 비례한다.

광역상수도에서 물 1톤을 공급하는데 드는 에너지는 0.2~0.3 kWh이다. 물론 거리에 따라 다르다. 이 중에서 정수처리에 드는 에너지는 그중 10%정도이다. 지하수는 지하수위에 따라 달라진다. 얕은 지하수와 깊은 지하수에서 퍼올릴 때는 그 깊이에 비례하여 대략 0.1~1.0kWh가 든다.

하수처리장에서 나오는 물을 다시 처리하는데 드는 에너지는 약 1.2kWh. 하수처리장에서 사용처까지 보낼 때는 거리에 따라 다르지만 1.2~1.4kWh 정도다. 해수담수화는 여러 가지 공정 개발에 따라 에너지를 획기적으로 줄이는 기술이 개발되고 있지만 대략 5~10kWh 다. 대개 해안가에 위치하므로 내륙으로 보낼 때는 운송에너지가 거리에 비례해 높아진다.

그런데 정부에서 생각하는 여러 가지 공급방안 중에서 빠진 것이 있다. 그것은 바로 빗물이다. 우리나라에는 매년 1,270억 톤의 가장 깨끗한 빗물이 공짜로 떨어진다.

지붕이나 단지 내에 떨어지는 빗물을 지하에 모아두면 돈이 안 드는 침전 처리만으로도 조경용수는 충분히 쓸 수 있다. 물론 지하 1~3층에 있는 저장조에서 펌프로 퍼 올리는 데는 에너지가 든다. 그런데 그 수치는 톤당 0.001kWh로서 멀리 팔당에서 끌고 오는 것과 비교하면 매우 적다.

실제로 스타시티에서는 1년에 4만 톤의 빗물을 받아서 쓰니 그만큼 팔당에서 퍼주어야 하는 에너지를 줄이는 셈이다. 이러한 시설이 도시에 1만개만 있어도 1년에 4억 톤의 강물을 끌고 오는 데 드는 에너지가 줄어든다.

빗물을 더욱 더 효자로 만드는 방법이 있다. 여름에 지붕이나 도로에 빗물을 뿌리면 온도가 내려간다. 스타시티 정원은 모아둔 빗물을 듬뿍 주기 때문에 한여름에는 외부에 비해 온도가 2~3도 시원하다. 지붕이나 벽에 뿌려주면 냉방에너지를 절약해준다. 이를 도시 계획 때부터 적용한다면 도시의 열섬현상이나 열대야 같은 것을 쉽게 해소해 줄 수 있다.

식량의 이동거리를 짧게 하는데도 도움이 된다. 빗물을 받아서 텃밭을 만들면 지역적인 식량도 일부 생산하여 식량자급률에

도움을 줄 수 있고, 먹을거리의 이동에 드는 에너지도 절약할 수 있다. 하수처리수처럼 물을 마시거나 텃밭을 가꾸거나, 발을 담글 때 생기는 심미적 거부감도 없다.

우리나라 정부에서는 아직까지 빗물에 대해서는 무지에 가깝고 정책에 빗물을 전혀 고려하지 않고 있다. 섬 지방이나 농어촌 지역의 상수도를 해결하는데 에너지가 적게 드는 빗물은 뒷전에 놓고, 에너지와 돈이 많이 드는 해수담수화와 하수처리수 이용만을 고집하고 있다. 아마도 사막지역의 물 문제를 해결하는 사례를 보고 그것을 맹목적으로 따라 하는 듯하다.

우리나라는 비가 안 오는 사막이 아니다. 빗물을 적극적으로, 그리고 최우선적으로 이용하여 에너지를 줄이자. 그것이 저탄소 정책의 실천에 앞장서고 지구를 살리는 길이다.

밑져야 본전, 잘해야 본전

대부분의 시설은 만든 지 몇 년이 지나면 망가지거나 기능이 떨어져서 수리나 유지보수가 필요하다. 만든 사람이야 떠나면 그만이지만 남아서 사용하는 사람은 돈이 더 들게 되므로 전체 시스템의 경제성을 판단하기 위해서는 건설비와 유지관리비를 함께 고려해야 한다.

2003년 완공된 서울대 대학원 기숙사 건물 중 아직까지 망가지지도 않고 유지보수비도 들지 않기로 유명한 두 개의 시설이 있다. 하나는 빗물이용시설이고 또 하나는 중수도라고 말하는 하수재이용시설이다.

빗물이용시설은 2000㎡의 지붕면에 떨어지는 빗물을 200톤 규모의 빗물탱크에 받아서 화장실용수로 사용하고 있다. 지난 7년 동안 연평균 1,600톤가량을 사용했다. 1년에 저장탱크를 8사이클 사용한 셈이고, 하늘이 지붕면에 내려 주신 선물인 빗물을 60% 가량 사용한 셈이다.

1년에 약 300만 원정도 수도요금을 안 내니 오히려 돈을 버는 셈이다. 이 시설에는 움직이는 부속이 없고 사용하는 약품도 없고 비만 오면 탱크 안에 빗물이 저절로 모아지니 손을 볼 것도, 돈이 들 것도 없다. 운전자들은 이 빗물이용시설은 '밑져야 본전'이란 생각을 하고 있다. 비가 오면 돈이 모인다고 생각하고, 어떠한 최악의 상황이 오더라도 손해 볼 것이 없다는 것이다.

설계당시에 80톤 규모의 저장조와 하수재처리 시설을 연구용으로 쓰고자 만들어 놓았다. 이 시설도 그동안 한 번도 이용을 하지 않았다. 운전자들의 생각은 이렇다. 하수를 처리해 재이용하기 위해서는 동력비와 약품비가 들고 운전자가 잘 관리해야 한다. 만약 어디 하나라도 잘못되어 냄새가 나거나 망가지는 경우, 모든 비난은 운전자에게 돌아오기 때문이다. 또 재이용하기 위해 1톤을 생산하는 비용이 1톤의 수도요금보다 많이 들기 때문에 하수재이용시설을 가동하지 않고 수돗물을 사용하는 것이 기숙사 사생들의 관리비를 줄여주는 일이라고 생각한다. 이들의 생각은 '잘해야 본전이다'라는 것이다.

정부의 저탄소 정책에 기여도를 따져보자. 하수재이용시설에서 하수 1톤을 처리하는데 드는 에너지는 평균 1.2kWh이다. 수돗물 1톤을 생산하고 운반하는데 드는 에너지는 0.24kWh이다. 빗물은 지하 저장조에서 올려주는데 1톤당 0.0012kWh의 에너지가 든다. 에너지 사용량을 기준으로 우선순위를 정하면 빗물, 수돗물, 하수재이용수순이 된다. 운전자들이 하수재이용시설을 사용하지 않고 빗물과 수돗물을 사용하기로 결정한 것은 정부의 저탄소 정책에 적극 협조한 셈이다.

환경부는 물관리 정책 중 하수의 재이용을 최우선적으로 생각해 이를 의무화하고, 세제 혜택 등을 주는 정책을 펴고 있다. 대부분의 시설은 만들 때만 의무화를 하고 사후관리는 하지 않아서 설치만 해놓고 가동하지 않고 있다. 설령 잘 사용하고 있더라도 이 정책은 에너지 낭비를 조장하고 있는 셈이다.

환경부는 우리나라에 일 년에 1,300mm라는 엄청난 양의 빗물이 오는 것을 모르거나 아니면 빗물은 더럽다는 잘못된 생각 때문에 빨리 강으로 버린 다음 강에서 처리해서 다시 에너지를 들여 시민들에게 보내야만 한다는 틀을 벗어나지 못하고 있다, 정부의 저탄소 정책에 역행하고 있는 셈이다. 그렇다면 국토교통부 소관인 건축법과 도시계획을 개정해서라도 전국에 있는 모든 지붕과 도시에서 빗물을 받아 사용하거나 땅속에 침투시키도록 해서 저탄소 사회를 만드는데 협조하도록 해야 할 것이다.

'밑져야 본전'과 '잘해야 본전' 어느 것을 채택할 것인가에 대한 답은 삼척동자도 다 알 것이다.

■ 우군사부일체
(雨君師父一體)

우리 선조들이 '비가 오신다'라고 비에 대해 경어를 쓴 것을 보면 비에 대해 공경심과 경외심을 가진 듯하다. 햇빛, 바람, 이슬 등과 같은 다른 자연현상에는 존경어를 안 쓰는 것을 보면 우리 전통에서 선조들의 빗물에 대한 생각은 무척 고맙고, 또 한편으로는 무서운 존재라고 생각한 듯하다. '봄비가 많이 오면 아낙네의 손이 커진다', '봄비는 쌀비'라는 속담을 보면 비는 풍요로움을 상징하고 있다.

군사부일체(君師父一體)라는 말이 있다. 임금, 스승, 부모를 똑같이 공경하여야 한다는 뜻이다. 오랫동안 비가 안오거나, 너무 많이 오면 나라나 고을의 최고 책임자가 자기의 죄를 뉘우치면서 기우제나 기청제를 지낸다. 이때 임금님도 무릎을 꿇는 것을 보면, 비를 군사부일체 보다 앞에 놓는 우군사부일체(雨君師父一體)라는 단어가 맞을 것이다.

우리나라 전통에서 빗물은 임금님까지도 공경하고, 모든 백성이 고마워하는 소중하고 중요한 대상이었다. 그러나 서구식의 물질만능주의에 따른 현재의 물관리에서 빗물의 지위는 형편없이 추락했다. 언젠가부터 산성비를 맞으면 머리가 빠진다는 근거 없는 낭설이 퍼져서 모든 국민이 빗물을 혐오하게 만들었다. 그 결과 빗물을 모두 한꺼번에 버리기 때문에 홍수, 그 다음은 가뭄의 악순환이 반복된다. 또한 빗물은 수질오염을 일으키는 더러운 물질로만 생각하고 강에 들어가기 직전에 돈을 들여 처리하는 것으로 알고 있다. 도시에 떨어지는 빗물은 모두 다 버리고 나서 남의 땅에 댐을 막아 그 물을 공급하는 시스템이 일상화되었다. 남들이나 자연이나 후손들을 생각하지 않고 자신만 좋으면 된다는 식의 이기적인 생각으로 항상 갈등의 원인을 가지고 있는 물관리를 해온 것이다.

비합리적인 서구식의 빗물관리를 벗어나 우군사부일체 가치관과 철학을 바탕으로 한 빗물관리가 필요하다. 즉 빗물이 모든 물의 근원이라는 생각으로 공경하고, 빗물이 떨어진 자리에서 잘 모아서, 최대한 인간과 자연에게 혜택을 주고 남은 물만 바다로 천천히 흘러가도록 하는 시설을 만들도록 기술적, 재정적으로 지원하는 빗물관리법을 만들어야 한다. 이 법에는 정부, 지자체, 개인 모두가 빗물관리의 책임을 가지고 빗물을 잘 활용하도록 지원하고 전세계에 전파해야 한다는 내용이 포함되어야 한다.

이렇게 되면 지금까지 쓰레기로 여기고 버려왔던 빗물을 깨끗하고 풍부한(매년 1300억톤) 자원으로 확보하는 것이니 빗물이 바로 돈이며, 에너지가 된다. 이 생각 하나만 실천되도록 하면 창조경제는 저절로 이루어진다. 이러한 우군사부일체론을 바탕으로 한 빗물관리는 버리기 위주의 빗물관리를 해온 서구와는 차별화된 우리나라만의 독창적인 상품으로서, 전세계의 기후변화를 대응하는 새로운 패러다임이 되어 전 세계 사람들의 생명과 재산을 보호해줄 것이다.

물자급률 높일 빗물 이용

가뭄과 물 부족에 대비하기 위해 정부는 빗물 이용을 적극 활성화하겠다고 한다. 공공청사에는 빗물 이용을 의무화하고, 일반인에게는 하수처리수 재이용을 의무화한다는 것이다. 기후위기에 대비하여 어떻게든 물을 아껴보려는 반가운 노력이나, 더 좋은 방법을 제시하고자 한다.

정부는 공공청사에서 빗물을 받아 써보고 문제가 없으면 일반인에게 전파하고자 하는 신중한 의도이나, 이미 서울 광진구의 한 건물은 세계 최고의 검증된 빗물이용시설을 운전하고 있다. 우리나라에 떨어지는 빗물 중 공공청사의 지붕에 떨어지는 빗물(정부비)은 0.01%도 안 된다. 빗물을 떨어진 바로 그 자리에서 모으면 누구라도 적은 비용으로 깨끗한 빗물을 모을 수 있다. 처리와 수송에 드는 에너지는 매우 적어 빗물 1㎥당 0.0012kW/h밖에 안 든다.

일반주택의 지붕, 학교 운동장, 논, 밭, 도로 등에 떨어지는 빗물(일반비)을 모아서 쓰면 멀리서 물을 끌어오는 데 에너지를 안 써도 되고 남은 물을 땅속에 침투시키면 지하수위를 보충하고 하천의 건천화도 막는 등 여러 가지 목적으로 사용할 수 있다. 우리 지역에 떨어진 빗물을 잘 사용하고 나서 모자란 양만을 다른 데서 가져오도록 한다면 지역 간의 갈등도 줄어들 것이다. 하수는 연중 고르게 발생하기 때문에 잘만 처리하면 좋은 상수원이 될 수 있지만 처리 시 에너지가 많이 들며(1㎥당 1.2kW/h), 고도의 운전인력이 필요하다. 심미적, 수질적 문제 때문에 공공건물의 수세식 화장실 용수 이외에는 사용할 수 없다.

물을 적게 소비하는 작물을 권장하고, 밭고랑을 만들 때도 경사에 직각 방향으로 만들어 빗물이 빨리 빠져나가는 것을 막도록 해야 한다. 안 쓰는 논에 물을 담아두면 물관리를 해주는 것이니 댐의 기능만큼 비용을 보상해주자. 공장에서도 물사용 원단위의 목표치를 정하고 그에 맞게 인센티브를 주거나 과징금을 부과하자. 도시를 만들 때 물자급률 목표치를 정하여, 최소한의 물은 자급하여 안정적인 공급을 할 수 있도록 하자. 시민에게만 물을 많이 쓴다고 할 것이 아니라 정부가 물 공급 목표치를 하향조정하고 시스템적으로 물 절약형 사회를 만들도록 해야 한다. 이를 위해서는 부처이기주의를 넘어선 범정부 차원의 정책이 필요하다.

다행스럽게도 수원시에서는 도시 전체에 떨어지는 모든 빗물을 모아서 물 자급률을 높이고, 빗물을 다목적으로 사용하면서, 그와 관련된 창의적인 산업을 육성하여 새로운 일거리와 소득을 창출하고자 하고 있다. 빗물을 잘만 사용하면 에너지가 적게 드는 사회를 만들 수 있고, 물로 인한 재해와 갈등을 줄일 수 있다. 다목적으로 사용하면서, 적은 비용으로 우리 후손들에게 남겨줄 수 있는 지속 가능하고 달성 가능한 정책을 실현할 수 있다.

공공기관의 지붕에서 모으는 빗물
(정부비) 보다 일반인들의 지붕, 운
동장, 논, 밭에 떨어진 빗물 (일반
비)가 더 양이 많고, 효율적이고
다목적으로 사용할 수 있다.

개도국 빗물 식수화

'위아래, 위위 아래' 글로벌 환경기술의 생존전략

K-Pop을 유행시킨 어느 걸그룹의 '위아래, 위위 아래'라는 노래와 춤이 유행한 적이 있다. 위와 아래를 골고루 움직이면 건강에도 좋다. 한쪽만 움직이면 다른 한쪽이 부실해진다. 글로벌 환경기술의 생존전략에 이 노래의 의미를 적용해보자.

환경기술이 세계로 진출하려면 우선 고객의 분포수준을 알고, 그에 적합한 기술이 적용되어야 한다. 전 세계 고객의 소득분포를 보면 피라미드 모양으로 되어 있다. 부유한 상위층은 적고, 가난한 하위층은 많다. 피라미드의 밑변(Bottom of Pyramid)의 사람들을 BOP라고 한다. 피라미드의 정점에서는 최고의 기술수준이 요구되지만, BOP에서는 그다지 높지 않은 기술이 요구된다.

선진국에서 통용되는 최고 수준의 기술은 BOP에 적용하기에는 비용이 많이 들고, 운전기술도 부족하다. 후진국에 고급의 기술을 갖다 주는 것은 돼지 목에 진주목걸이와 같이 어색하다. 후진국이 원하는 것은 최고급기술이 아니고 자신들의 수준에 맞는 기술이다. 물과 위생의 새천년 목표(MDG)를 달성하지 못한 이유는 눈높이 기술 전파를 하지 못했기 때문이다. '위'만 흔들어 하체가 부실해진 것으로 비유할 수 있다.

우리는 식민시대와 전쟁을 겪은 처참한 환경에서 짧은 기간내에 세계 10위의 경제대국이 되었다. 원조를 받던 나라에서 원조를 주는 나라로 바뀌었다. 우리나라는 '위아래'를 모두 볼 수 있는 강점을 가지고 있다. 선진국 사람들은 BOP의 사정을 모른다. 배고파본 경험이 없는 사람은 배고픈 사람을 이해하지 못한다. 우리는 BOP사람들의 사회를 이해하고, 그들이 무엇을 원하는지 알 수 있다.

이러한 강점을 바탕으로 우리의 전략을 세워보자. 지금까지는 선진국을 따라서 소위 SCI논문의 숫자만 따라가는 '위위' 지향의 연구를 하였다. 그런 추격형으로는 선진국을 따라잡을 수 없고, 후진국에서도 팔수 없다. 생존을 위해서는 '위아래' 전략으로 고객을 바꾸어야 한다.

BOP 고객의 특성이 변하고 있다. 예를 들면 전기도 물도 들어오지 않은 아프리카 오지의 마사이 부족들조차도 식구수대로 핸

드폰을 가지고 있을 정도로 IT인프라가 구축되어 있다. 만약 우리가 '아래' 기술로 진출한 다음, 거기에다 IT를 접목시킨 테스트 베드를 만들어 보자. 그것을 운용해보면서 새로운 '아래IT'기술을 개발하는 것이다. 예를 들면 개도국의 물과 화장실 문제를 IT를 이용하여 관리하는 것을 개발한 후, 선진국에 적용하는 '위IT' 기술을 만든다면 전 세계 시장을 석권할 수 있다.

2015년에 전 세계의 개도국 주민들의 '물과 위생'에 관한 새로운 지속가능 목표(SDG)가 만들어졌다. 선진국주도의 '위' 정책으로는 해결책이 안 나온다는 것이 2000년에 만든 새천년목표(MDG)의 실패로 증명된바 있다. 하지만 우리의 '위아래' 전략을 쓰면 그 해결책이 가능하다. 심지어는 그 해결책으로 선진국의 물문제도 해결해줄 수 있다. World Water Forum등 국제 공모전에서 우리의 빗물식수화 사업이 상을 받은 바 있다.

정부가 글로벌 환경산업을 육성할 때, '위아래, 위위 아래' 전략에 따라 정책적 지원이나 기업의 육성방안, R&D 지원 및 평가 방법들을 개선해야 한다. 위아래 춤이 준 교훈을 이용해 건강도 지키고, 재미도 있으면서 글로벌 환경시장을 주도해볼 날을 기대해 본다.

아시아 식수문제 해결사는 빗물

아시아, 아프리카를 비롯한 전 세계 10억 여명이 깨끗한 물을 공급받지 못하고 있다. 비위생적인 환경 때문에 질병에 걸리고, 여자와 아이들은 먼 곳에서 물을 길어오느라 가사와 교육은 뒷전이다. 빈민들은 소득의 20~30%를 물을 사는 데 사용하므로 가난을 면할 수 없다. 이들에게 물을 싸게 공급해 주는 것이 진정한 선물이라 할 것이다.

이들 지역은 기후나 지형, 경제, 기술수준, 습관 등이 다르기 때문에 첨단기술을 적용하는 것이 최선이 아니다. 오히려 그들의 수준에 맞는 적합한 기술이 필요하다. 물을 공급하기 위한 여러 대안을 생각해 보자.

해수담수화시설은 고도의 기술과 비용, 에너지가 필요하다. 바닷가에서 만들어 내륙 깊은 곳까지 운반하는 데는 많은 비용과 에너지가 든다. 댐을 만들어 상수도 시설을 만들어 주는 것은 비용과 시간이 많이 들 뿐 아니라 누수방지나, 수질관리에 많은 노력이 든다. 가동 중 전기나 약품, 부품이 공급되지 않아서 제 기능을 발휘하지 못하는 경우도 종종 있다.

수동펌프를 이용한 얕은 지하수는 쉽게 이용할 수 있지만 그만큼 수질오염이 되기에도 쉽다. 깊은 지하수를 얻기 위해서는 비싼 장비와 고도의 기술이 필요하다. 힘들게 만든다 하더라도 전기 공급이 안 되거나 부품이 없어 가동되지 않는 경우도 허다

하다. 더 심각한 것은 수질이다. 아시아 지역의 지하수에는 비소나 불소 등 중금속이 녹아 있는 곳이 많다. 현재 방글라데시 같은 나라에서는 국제기관에서 만들어준 우물물을 마시고 병에 걸린 사람들이 발생해 사회문제가 되고 있다.

빗물은 잘못된 선입견 때문에 물 공급 대안에서 제외되어 왔다. 상식적으로 땅에 떨어지기 직전에 받은 빗물은 가장 깨끗하며, 빗물이 떨어진 바로 그 자리에서 사용하면 처리나 운반을 위한 시설이나 에너지가 없어도 된다. 빗물 사용에서 유일한 문제는 건기에 사용할 빗물을 저장하고 수질을 유지하는 기술이다.

2006년부터 서울대학교 건설환경공학부 학생들은 인도네시아와 베트남의 빈민지역에서 '비활'(빗물봉사활동)을 해왔다. 현지 물 문제를 빗물로 해결한 사례를 소개한 논문을 국제 학계에 발표해 빗물의 중요성이 점차 인정받고 있다. 실제로 유니세프(UNICEF)에서는 한국 정부의 지원으로 최근 미얀마의 태풍피해를 입은 지역에 수만 개의 빗물통을 공급해 물로 인해 발생할 문제를 방지했다.

아시아 물 문제에 대한 최적의 대안은 이 지역에 내리는 빗물을 잘 관리하는 것이다. 첨단 소재를 이용한 저비용의 저장기술과 저에너지의 소독기능을 추가하는 기술적 도움뿐만 아니라 주민 스스로 마을단위로 확산할 수 있도록 경제사회학적 도움도 필요하다. 국제사회에서 그들의 마음을 얻기 위해 생명과도 같은 물 문제를 해결해주는 것처럼 빠르고 쉬운 방법은 없다. 그동안 많이 진출했던 선진국이 실패한 이유는 현지에 맞는 적합한 기술을 고려하지 못했기 때문이다.

아무리 좋은 선물이라도 받는 사람에게 맞춰서 줘야 한다. 이들의 현지사정, 생각, 기술수준 등을 면밀히 분석한 후에 적합한 기술을 알려줘 스스로 사용하고 전파할 수 있도록 능력을 배양하는 것이 필요하다. 정부도 아시아 물 문제를 해결하기 위한 정책을 펼 때 빗물을 최우선적으로 고려해야 한다.

◼ 개도국 식수공급 프로젝트 성공의 조건

우리나라는 개도국의 ODA(공적개발원조, Official Development Assistance) 지원, 특히 식수문제 해결에 관심을 가지고 있다. 대부분의 개도국에서는 대규모 자본과 기술이 들어가는 집중형 시설보다는 우물이나 빗물과 같은 소규모 공동체 단위의 식수공급시설이 훨씬 더 싸고 빠르게 실현가능하여 많은 관심을 받고 있다.

서울대 빗물연구센터는 2014년 베트남 하노이 인근 쿠케마을의 유치원과 초등학교에 롯데백화점 사회공헌사업의 일환으로 환경재단과 함께 빗물탱크 12톤짜리를 설치했다. 21개월 후인 지난 주말, 현장을 다시 가 보고, 만족과 아쉬움 그리고 교훈을 얻었다. 만족한 곳은 유치원이다. 식당 옆 잘 보이는 운동장 한편에 설치돼 있는 빗물탱크의 수위가 최근 비가 안와서 낮아져 있고 (그만큼 많이 썼다는 이야기), 그 사이 유량계는 111톤을 표시한다. 탱크 주위는 잘 정돈되어 있고 탱크 위에는 먼지하나 안 묻어 있다. 손님에게는 빗물을 생수병에 담아 대접한다. 원생들이 빗물을 마신 이후 특별한 건강상의 문제점은 발견되지 않았다. 학교에 내는 물 값이 학생 일인당 일 년에 9만동에서 5만동으로 줄었다. 관할 교육청, 인민위원회, 언론사에서 와서 보고 흡족해 한다. 아마도 어린 원생들이 먹는 식수이기 때문에 부모들이 각별한 신경과 관심을 가져서 그런 듯하다.

아쉬운 곳은 초등학교다. 학교 뒤편 후미진 곳에 설치된 빗물시설은 주위에 쓰레기, 거미줄들이 보인다. 93톤을 가리키는 유량계는 유치원처럼 활발히 사용되었음을 말해주지만, 최근 한 달간 비가 안 왔는데도 빗물이 꽉 차 있는 것을 보니 최근에는 빗물을 사용하지 않은 듯하다. 아마 잘 보이지 않는 곳에 설치되었거니와, 지금 본관의 개축공사를 하는 바람에 담당자도 바뀌어 점점 관리가 잘 되지 않으면서 사용량이 줄었기 때문인 듯하다.

같은 지역에 같은 기술로 만든 시설인데 결과는 서로 다르다. 공사를 시작할 때 기술만 좋으면, 주민들 스스로가 빗물을 식수로 영원히 잘 쓸 수 있을 것이라고 생각한 것이 실수였다. 오히려 기술 외에 사회적, 경제적인 요소까지도 함께 고려해야만 된다는 반성과 교훈을 얻게 된다.

문제점을 정리하면

첫째, 빗물 식수화에 대한 사회 전반적 경험 부족과 빗물의 수질에 대한 잘못된 인식이다. 따라서 식수화 시설의 예산배정, 계획, 시공, 유지관리, 사용에 관여하는 사람들 중 어느 한 분야의 사람이라도 식수공급에 대한 회의적인 생각을 갖게 되면, 전체 시설은 식수용으로 만들지는 못하게 될 것이다.

둘째, 유지관리비용의 지출에 대한 체계적인 고려가 부족했다. 먹는 물이 제대로 만들어지게 하려면, 지붕면이나 주변의 청결유지, 필터교체, 소독, 수질검사비용, 홍보나 교육이 필요하다. 빗물의 유지관리 비용은 기존에 학교가 지불하던 식수비용의 3분의 1도 안 되기 때문에 학교가 충분히 잘 관리할 것으로 기대했지만 식수를 사는 것과 달리 관리에 대한 지출은 인색했다. 학교가 예산을 관리에 투입하고 잘 관리하는지에 대한 관리 체계가 필요하다.

셋째, 올바른 기술적 문서가 체계적으로 남겨져 전달되고 있지 않다는 것이다. 그런 것은 전문적인 기술자가 종합적으로 판단하고 일목요연하게 수집, 정리하는 것이다. 담당자가 바뀌면, 올바로 이해를 못하고 그 사이 이력이나 사정을 알 수 없으니, 원래 설계의도대로 관리하기가 어려울 것이다.

넷째, 관리자나 감시자의 투명한 감시와 관리 기록이 없다는 것이다. 학교 재량으로 관리하다보니 학교에 따라 관리 수준이 다르고 기록이 없으니 책임소재가 불분명해진다. 특히 초등학교처럼 시설이 잘 보이지 않는 곳에 있다면 학부모와 같은 감시자의 눈에서 멀어지니, 관리가 소홀해지기 쉽다. 정기적으로 관리기록을 의무화했다면 시설에 더 관심을 가졌을 것이고 책임소재도 분명해졌을 것이다.

다섯째, 목표의 정량적 설정이다. 과연 몇 년을 사용하기를 원하고 만들어 주는 것인가 초등학교의 경우 아직 빗물 식수화 시설이 있는 건물까지 개보수를 한 것은 아니지만 언젠가 건물을 다시 짓게 되는 날이 올 것이다. 시설이 설치될 곳의 개발계획에 대한 고려가 있어야 더 경제적으로 설치할 수 있을 뿐만 아니라 목표 달성을 위한 관리계획도 세울 것이다.

문제점을 알면 해결책이 보인다. 빗물 식수화 시설을 만들 때 올바른 사전조사로부터 적절한 설계를 하고, 준공도와 현장의 여건과 지역주민들의 수준에 맞는 설계도서와 유지관리 매뉴얼을 만들어야 한다. 여기에는 일정 수준 이상의 기술자 참여가 반드시 필요하다.

빗물식수화 사업이 성공하려면 마치 기계를 가동하면 검사 및 유지관리비가 들어가듯이 일정기간 동안 계속 유지관리비를 책정하거나 스스로 비용을 조달하고 감독할 수 있는 제도를 만들어 주는 것이 필요하다. 계속 바뀌는 운전자나 학생들에게 지속적으로 교육과 홍보를 할 수 있는 교재를 개발하되, 학생들이나 지역주민들 중 지역의 빗물시설 감시 운전단을 만들 수 있다. 그들의 SNS를 통해 빗물시설의 현황을 수치적으로 파악하고, 빗물 식수화 시설을 함께 고민하는 대화의 창을 만들어 타 지역 사람들의 사정도 찾아보는 자립형 시스템의 구축이 필수적이다.

물 문제는 지역마다 다르기 때문에 그 지역을 세밀하게 관찰하고 모니터링을 하면서 기술적, 사회적으로 풀어나가야 한다. 아마도 이러한 문제의식과 해결책은 우리나라의 ODA를 계획, 실행하는 사람들이 반드시 알고 실행해야만 최선의 결과를 보장할 수 있다. 대규모 물량공세를 하기 전에 제대로 된 모범사례를 벤치마킹해서 스스로 확산해 나갈 수 있도록 도와주어야만 계속해서 현지 주민들로부터 고맙다는 소리를 들으면서, 대한민국의 국격을 높일 수 있을 것이다.

마당이나 정원의 땅을 오목하게 만들어 빗물을 땅속에 침투시켜보자. 촉촉한 땅에서 증발된 수증기는 다시 구름이 되어 빗물로 돌아온다. 구름의 씨를 심는 것이다.

‣ P A R T 04

물 수요관리

‣ 물절약

‣ 수세변기를 깨자

〈예쁜 빗물저금통〉   〈지승요강〉

(종이로 만든 요강)

우리나라 일인당 하루 물공급량은
280리터로서 독일이나 호주의 도
시들보다 2~3배 많다. 선진국의
추세는 물을 효율적으로 잘 관리하
여 물사용량을 줄이는 기술과 정책
이 개발되어 있다.

물절약

집에서 새는 바가지, 밖에서도 샌다

외국여행을 다녀온 일부 학생이나 관광객들의 에피소드 중에 물 낭비에 관한 것이 있다. 숙소에서 샤워나 설거지 할 때 물을 많이 쓴다고 눈총을 받거나 쫓겨나는 등 망신을 당하는 경우이다. 국내에서는 비교가 안 되어 잘 모르지만, 외국에 나가면 우리가 얼마나 물을 헤프게 쓰는지 알 수 있다. 이 경우 적합한 표현은 '집에서 새는 바가지, 밖에서도 샌다'는 말이다. 물을 많이 쓰면 돈과 에너지 낭비는 물론 외국 사람들로부터 개념이 없다는 비난을 받는다.

밖에 나가서도 새지 않는 바가지를 만들려면 평소에 물을 얼마나 쓰는지를 알고 어떻게 하면 절약할 수 있는지 등을 알도록 교육이나 정책에 반영하는 것이다. 학교나 집에서 강요나 주입식이 아니라 자연스럽고 재미있게 물 절약을 생활화하여 보고 느끼면서 스스로 깨닫게 하는 것이다. 어렸을 때부터 교육할수록 비용이 적게 들고 효과가 오래간다. 또한 정부 정책의 최우선 순위를 절수형사회로 만들도록 하고, 그를 위한 정책이나 제품들을 개발하는 것이다. 돈 안 들고 손 쉬운 두 가지를 제안한다.

첫째는 자신이 하루에 몇 리터씩의 물을 사용하는지를 아는 것이다. 실제로 하루에 쓰는 양을 측정하든지, 수도요금 고지서에 나온 한 달 치 수돗물의 양을 30일로 나누고 식구 수로 나누면 간단히 계산된다. 이 수치를 다른 나라와 비교하면 우리가 물을 적게 쓰는지 많이 쓰는지 판단할 수 있다. 학교에서는 학생들이 수치를 계산하고, 스스로 물 절약의 목표를 정해서 줄이도록 하자. 환경부 장관이하 모든 공무원들이 이 수치를 알고 있다면 물관리의 정책방향은 스스로 정해질 것이다. 당연히 물을 적게 쓰는 기술을 가진 나라가 물관리 선진국이 되며 관련된 물 산업도 수출할 수 있다. 참고로 우리나라는 282리터지만, 독일은 100리터를 목표로 하고 있다.

둘째는 건물마다 빗물저금통을 만드는 것이다. 건물의 지붕에 떨어지는 빗물은 홈통을 통하여 하수도로 버려지는데 이 홈통에 빗물저금통을 설치해서 빗물을 모아 화장실이나 청소 물로 사용하면 그만큼 수돗물을 절약할 수 있다. 또한 빗물은 약간만 처리하면 훌륭한 먹는 물로 만들 수 있다. 전기나 수돗물이 끊어진 비상시에는 가장 소중한 수원이 된다. 학교나 공공기관에서 건물의 홈통마다 담당을 정하여 아름다운 빗물저금통 만들기 콘테스트를 해보자. 창의적인 아이디어로 협력해서 만들고 비교하고, 색깔도 칠하면서, 모은 비를 어디에 사용할지 고민하면서 물 절약을 위해 노력할 것이다. 외국이나 우리나라의 지방정부에서 빗물저금통의 설치비나 보조금을 지원해주는 사례가 많이 있다.

물부족 문제의 근본 해결책은 본인이 스스로 물을 얼마나 사용하는지를 알고, 그 수치를 줄이려고 노력하는 것에서부터 시작한다. 이렇게 되면 기후변화에 대하여 인류가 살아남을 수 있는 대응책을 알고 전 세계적으로 물 때문에 생길 수 있는 분쟁에 대해 이해하고 해결하는 리더가 될 수 있다.

옛날부터 우리나라는 근검절약의 전통을 실천해 왔다. 모든 사람들이 본인의 물 사용량을 알고 물 절약을 실천하면 우리 조상들의 훌륭한 전통의 고리를 연결할 수 있다. 이러한 근검절약의 정신과 물 절약과 관련된 정책과 제품은 우리나라가 물관리에서 세계를 리드하는데 가장 중요한 자산 중의 하나가 될 것이다. 집에서도 안 새는 바가지를 만들기 위해 새해인사와 덕담으로 다음을 제안한다.

"당신은 하루에 몇 리터의 물을 사용하시나요"

🏺 당신은 하루에 물을 얼마나 사용하십니까

현명한 부모라면 용돈을 올려달라고 하는 자녀에게 현재의 용돈이 얼마인지, 얼마가 왜 부족한지, 혹시 아낄 방법이 없는지를 물어보고 줄 것이다. 부모들은 자녀의 용돈 부족에 대한 올바른 교육적 해법을 알고 있는 셈이다. 물 부족에 대한 해법도 이와 다르지 않다.

우선 자신의 하루 물 사용량을 아는 것이다. 한 달 수도요금 고지서를 유심히 살펴보면 알 수 있다. 예를 들어 4인 가족의 한 달 물 사용량이 30m³(=3,000리터)라고 하면 하루 사용량은 1,000리터, 한 사람당 하루에 사용하는 물은 250리터이다. 참고로 정부에서 상하수도의 시설용량을 계산하고 물 부족의 근거로 사용하는 기준치는 350리터이다.

이 수치를 다른 나라와 비교해보자. 미국처럼 하루 500리터를 사용하는 나라와 비교할 것이 아니라 독일과 같이 적게(120리터) 사용하는 나라와 비교하자. 물을 절약하는 방법은 의외로 쉽다. 독일에서는 물 절약을 위해 시민들의 행복추구권을 박탈하지 않는다. 다만 제도적으로 절수기기 설치를 의무화했을 뿐이다. 화장실 변기를 절수형으로 바꾸면 하루에 50리터는 줄일 수 있기 때문이다.

또 지붕에 떨어지는 공짜 빗물을 누구나 쉽게 사용하도록 빗물산업을 육성하고 있다. 물 절약을 유도하기 위해서 상수도와 하수도 요금을 비싸게 받는다. 단 서민의 부담을 줄이기 위해 일정량 이상 사용자에게 더 비싸게 받는 누진제를 적용하고 있다.

우리나라에서도 의외로 해법은 간단하다. 자신의 하루 물 이용량을 계산하고 실생활에서 체험을 해보는 것이다. 예를 들면 하루에 쓸 물 350리터(350Kg)를 출근할 때 들고 오도록 해보자. 그러면 누구나 자기가 물을 너무 많이 쓴다고 느낄 것이다. 조금 더 확실한 방법이 있다. 물을 많이 사용하는 사람이 수도요금을 더 많이 내도록 요금 체계를 개선하면 된다.

끝으로 물 절약과 빗물이용이 쉽게 달성 가능한 저탄소 녹색 성장의 길임을 인식하고 미래를 대비해 학교나 군부대에서 환경 교육의 하나로 시작하면 장기적으로 가장 큰 효과를 가져 올 수 있다.

정부 물 관련 부처의 장관이나 시·군의 현역 또는 예비 지도자에게 한번 질문해 보자. "하루에 물을 몇 리터나 사용하나요", "그 양이 많은지 적은지 알고 있나요", "물 부족 문제를 해결하기 위해선 어떤 일을 가장 먼저 해야 한다고 생각하나요"

이에 대한 올바른 답을 알고 실천에 옮기는 지도자가 있고 그런 지도자를 선택할 안목이 있는 시민들이 있는 한 우리나라는 절대 물 부족국가가 아니다.

비정상적인 물 사용량의 정상화

독일과 한국의 한 사람당 하루에 사용하는 물의 양을 비교하면 각각 120ℓ, 282ℓ이다. 우리국민은 독일국민보다 2~3배의 물을 많이 사용한다. 이 수치는 우리 정부의 과거 몇 십 년간의 상수와 하수등 물관리 정책의 근간이 돼 왔다.

이에 따라 정부에서는 물이 부족하므로 댐, 정수장, 관로의 건설 등 공급위주의 대응방안만을 제시해 왔다. 하지만 물을 어느 용도에 얼마나 사용하는지를 파악하고, 각 사용처별로 합리적으로 줄이는 소비자측 대응방안의 실천은 매우 미흡했다. 이것은 마치 자녀가 용돈을 어디에 사용하는지 확인도 안하고, 달라는 대로 용돈을 주려하는 철부지 부모와 같다. 다른 애들이 용돈을 어디에 얼마나 쓰는지 비교만 해보면 답이 금방 나온다. 이것을 보면 우리나라의 물 사용량과 절수정책은 비정상적이다.

그 결과 엄청난 양의 에너지와 돈이 낭비 되며, 하천수질의 오염의 원인이 되었다. 상수도 1톤을 정수장에서 처리해서 가정까지 운반하는 데는 0.24kWh의 에너지가 든다. 사용된 물은 그대로 하수가 되어 나가기 때문에 수자원의 총량에서는 변함이 없지만, 그것을 운반하고 하수처리 하는데 또 1.2~1.3kWh의 에너지가 든다. 특히 비가 많이 올 때는 들어오는 하수를 다 처리 못한 채로 방류하여 하천을 오염시키기도 한다. 이러한 모든 비용은 모두다 우리 시민의 세금에서 충당된다. 깨끗한 강물을 퍼서 더럽게 해서 다시 버리는데 엄청난 에너지와 돈을 계속해서 쓰고 있는 셈이다.

다시 말하면 수돗물을 아끼면 1톤당 약 1.5kWh의 에너지를 절약할 수 있으며, 하천의 수질 오염을 방지할 수 있다. 그것을 만들기 위한 물 인프라의 건설과 유지관리에 드는 엄청난 비용을 줄일 수 있다.

비정상적인 물 사용량을 아주 쉽게 정상화할 수 있는 방안이 있다. 그것은 화장실변기를 초절수형으로 바꾸는 것으로부터 시작된다.

고속도로 휴게소의 변기 한 개를 예로 들어보자. 보통의 변기는 한번 누르면 13리터가 사용된다. 한 시간에 10명, 하루 10시간 사용한다고 가정하면 하루에 1.3톤의 물을 쓰게 된다. 일년 365일이면 500톤가량, 만약 20년 사용한다고 가정하면, 변기 한 개가 전 생애에 걸쳐 사용하고 버리는 물의 양은 1만 톤이고 에너지는 1만5000kWh가 사용된다. 만약 이 한 개의 변기를 일 회당 4리터를 사용하는 초절수변기로 교체하면 7,500톤의 하천수를 퍼올리지 않아도 되고, 1만kWh의 에너지를 절약할 수 있다. 이 수치에다 전국의 변기 개수를 곱하면 엄청난 양의 에너지를 절약하고 수질을 보전하는 길이 된다. 변기를 초절수형으로 바꾸면 에너지 사용량을 줄이므로 탄소배출량을 손쉽게 줄이는데 커다란 역할을 할 수 있다.

물 사용량의 정상화 방안을 기술, 경제, 사회적 차원에서 살펴보자. 먼저 기술적으로 미국 등 선진국의 경우에는 초절수형 변기만 판매, 사용하도록 의무화되어 있으니, 국내에도 그러한 기술의 도입이나 개발을 적극 유도하고 의무화하면 된다. 물론 소비자가 사용할 때 냄새나 미관 등 불편을 느끼지 못하도록 해야 하는 것은 당연하다. 이것을 뛰어넘어 소음을 줄이고, 아름답고 편리한 화장실로 바꾸는 기술까지 포함하면 금상첨화가 된다.

국가경제로 보면 댐과, 정수장과 하수처리장과 하천수질관리를 하는데 엄청난 비용을 줄일 수 있다. 계획중인 중소형 댐 한 개의 건설비용이면 전국의 변기를 모두 다 바꿀 수 있다. 공공기관의 경우 교체비용은 1~2년 이내에 상하수도 요금 절약으로 회수될 수 있다. 정부에서는 물 절약회사가 초기비용을 투자하고 절감된 수도요금으로 서서히 회수하도록 하는 WASCO라는 제도를 만들어 놓았으니 사업체가 마음만 먹으면 초기비용 없이 변기를 바꿀 수 있다.

사회적인 협조가 중요하다. 시민들 각자가 물을 어디에 얼마나 쓰는지 스스로 계산해보고, 변기가 바로 물과 에너지를 잡아 먹는 하마라는 것을 알도록 하는 순간 변기를 바꿀 필요를 느낄 것이다. 시민들이 비용의 부담이나 사전사후에 불편을 전혀 느끼지 않도록 한다면 교체를 하는데 반대하지 않을 것이다. 실제로 미국 등 선진국에서는 정부에서 무료교체 또는 교체 시 보조금

지급 등을 제도화해서 실천하고 있다.

　이를 위한 행동전략으로 다음을 제안한다. 정부에서는 합리적인 연간 절수목표량을 정하고 그에 따라 국가적인 물관리 정책을 다시 수립해야 한다. 각 지자체에서는 몇 가지 모범사례를 발굴, 홍보하고, 그것을 토대로 시민들이 자발적인 참여를 유도해야 한다. 사용량이 많고 홍보효과가 큰 공공시설과 학교 등 교육시설을 최우선순위로 변기를 초절수형으로 교체한다. 또한 시민단체와 협력하여 절수형 사회를 만드는 사회적 분위기를 조성한다. 만약 변기에서의 절수정책이 성공한다면, 세탁기나 샤워기 등도 교체하여 가정에서의 물사용량을 줄이고, 공업용수 사용량이 많은 기업이나 농업용수 등에서도 물사용량을 줄이기 위한 합리적이고 경제적인 방법을 제안하고 실현할 수 있다. 이와 같은 방법은 에너지 등 다른 자원의 절약에도 적용되며 시민들 스스로 문제를 해결하는 힘을 터득하게 될 것이다.

물절약, LPCD를 계산해보자

지난 가을 가뭄이 길어지면서 물부족 문제로 전국이 떠들썩했다. 댐 건설, 누수 탐사 등이 부족한 수자원을 확보할 수 있는 방안으로 제시됐지만 그 효과는 미지수다.

여기서 엉뚱한 질문을 하나 해보자. LP와 CD를 합하면 뭐가 될까? 혹시 레코드판(LP) 위에 콤팩트디스크(CD)를 올려놓는 것으로 생각한다면 물과는 아무런 상관이 없는 썰렁하기 그지없는 질문이 된다. 하지만 두 글자를 합쳐 놓으면 한 사람이 하루에 물을 몇 L나 사용하는지를 나타내는 원단위(原單位)인 LPCD(liter per capita day)가 나온다. 물부족 문제를 해결하기 위해 모든 사람이 반드시 기억해야 할 용어다. '상수도공학 개론'의 제1장에서는 상수도 시설의 계획, 설계, 운전 시 반드시 필요한 단위로 LPCD를 설명하고 있다.

필자는 '물의 위기'라는 서울대학교 강좌에서 학생들에게 하루에 물을 몇 L씩 쓰는지 자신의 LPCD를 계산해 오라고 꼭 과제를 낸다. 학생들은 너무 쉬운 과제라는 점에 한 번 놀라고, 자신이 이렇게나 물을 많이 쓰며 낭비하고 있었다는 충격에 두 번 놀란다. 개인별 물 사용량을 수치로 알게 되면 자신이 일상생활 속에서 물을 얼마나 낭비했는지, 어디서 얼마나 절약해야 할지를 스스로 판단할 수 있다.

누구나 수도요금과 물 사용량이 적힌 고지서를 보면 LPCD를 쉽게 구할 수 있다. 사용량을 식구수 또는 사용자수로 나누고, 다시 사용일수(30일 또는 60일)로 나눠 나온 수치가 자신이 하루에 집에서 쓰는 수돗물 양이다.

지난해 서울시 통계를 보면 1년간 1037만명에게 총 11억2900만t의 수돗물을 공급했으니 서울시민 1인당 LPCD는 298L다. 그중 누수 등을 제외한 실제 LPCD는 대략 1인당 282L 정도다. 한 사람이 매일 가정에서 189L, 일반용 66L, 공공에서 21L, 목욕탕에서 6L를 쓴다.

외국과 비교해 보자. 독일 가정의 LPCD는 80~100L로 한국의 절반 정도다. 만약 한국이 독일처럼 사용량을 절반으로 줄인다면 서울시는 팔당댐 저수 용량보다 두 배 많은 5억6000만t을 해마다 한강에서 덜 퍼와도 되며, 하수처리장에 쏟아져 들어오는 오수의 양도 절반으로 줄어 들 것이다. 물을 공급하는 데 드는 전기 사용량 감소는 덤이다. 수돗물이 생산원가보다 싸 그 차액을 보전하기 위해 정부예산이 투입되는 점을 고려하면, LPCD를 낮추면 세금도 줄일 수 있다는 계산이 나온다.

따라서 지방자치단체별로 LPCD를 이용해 관리하면 물 사용 효율을 크게 높일 수 있다. 또 물 부족 문제 해결을 위한 전략과 투자의 우선순위를 합리적으로 정하고, 이해관계자들을 설득할 수도 있다. 다양한 물 관련 사업 중 어느 것을 먼저 해야 하는지 쉽게 판단할 수 있다. 누수방지 사업으로 새는 물을 막거나 물그릇을 키우는 사업보다 LPCD를 줄이는 게 최우선적으로 해야 할 일이라는 것은 자명하다.

LPCD는 물 전문가나 기술자만 알아야 하는 수치가 아니다. 모든 국민이 알아야 한다. 초등학교 학생들에게 LPCD를 계산해 보라는 과제를 내보자. 그러면 모든 학생과 학부모가 자신이 물을 얼마나 쓰고 있는지 파악하고 그것을 줄이는 방법을 고민할 것이다. 회사 면접 시에도 LPCD에 대해 아는지 질문을 툭 던져 보자. 물을 절약하는 사람은 다른 것도 잘 절약하기 마련이다. 지역과 나라의 일꾼을 뽑을 때 모든 후보자에게 자신의 LPCD를 물어보자. 그러면 그는 한국의 물 부족문제를 해소하기 위한 올바른 정책을 펼 것이다.

자신의 물 사용량을 모르는 당신은 물맹(盲)

컴퓨터를 모르면 컴맹이듯, 물을 모르면 물맹이다. 자신이 하루에 몇 리터의 물을 쓰며, 어디서 가장 많이 쓰는지를 모르는 사람은 물맹이다. '물부족국가'라는 교육과 홍보를 받고 자랐는데도 물을 절약할 노력을 하지 않는다. 이것은 마치 돈을 어느 용도에 얼마나 사용하는지도 모르면서 무조건 용돈을 달라고 하는 아이와 같다. 물부족을 극복할 대책을 제대로 가르쳐 주지 않는 우리 사회는 마치 아이가 용돈을 달라는 대로 주는 철없는 부모와도 같다.

우리나라의 환경부 등 물관련 공무원, 정책결정자, 특히 환경운동을 하는 단체의 지도자나 회원들은 물맹(盲) 인 것이 분명하다. 만약 그렇지 않다면 시민들에게 물부족을 값싸게 빨리 극복할 수 있는지에 대한 교육과 홍보를 하고, 절수기기 산업체를 육성하고, 법률과 제도를 만드는 등 절수형 사회를 만들기 위한 운동이 있어야 하는데 현실은 전혀 그렇지 않기 때문이다.

먼저 일인당 하루 물사용량(LPCD) 원단위를 보자. 환경부의 자료를 보면 일인당 하루 282리터이다. 이것은 가정은 물론 사업장, 학교, 목욕탕에서 사용한 수돗물량을 인구수로 나눈 평균치이다. 독일은 현재 120 리터인데 장래 100리터로 줄일 목표로 여러 가지 정책을 시행하고 있다. 최근 심각한 가뭄을 겪은 호주에서는 이전에 하루에 300리터 정도 사용하던 것을 최근에 150리터로 줄였다. 이것은 정부의 확실한 절수정책, 그것을 따르는 시민, 다양한 기술개발 등으로 실현되었다. 2018년 미국의 캘리포니아는 물절약을 위한 특단의 조치를 내렸다. 지방정부의 차원에서 물절약 목표치를 정해서 그것을 이행하지 못하면 벌금을 내도록 하고, 가정에서는 절수형 수도시설을 갖추도록 의무화했다. 이것을 보면 우리나라도 물사용량을 줄이는 것이 불가능하지 않다는 것을 알수 있다.

물절약을 효율적으로 하려면 큰 것부터, 싼 것부터, 다목적으로 하는 세 가지 원칙을 지키면 된다. 첫째, 가정에서 물을 가장 많이 쓰는 주인공은 바로 수세식 변기이다. 현재 우리가 사용하는 변기는 한번 누를 때마다 12리터를 사용한다. 이 변기를 4리터 짜리로 바꾸면 한 번에 8리터가 줄고, 하루에 8번 누른다면 하루에 1인당 64리터를 줄일 수 있다. 이것은 하루 물 사용량의 1/3 정도나 되는 많은 양이다. 전혀 불편을 느끼지 않고도 물을 절약하는 변기는 많이 있다.

둘째, 변기나 수도꼭지 등을 교체하는 비용은 댐건설이나 누수방지등의 다른 물부족 해소를 위한 대안들보다 무척 싸다. 게다가 변기를 교체하면 1-2년 내에 상하수도 요금을 줄여서 투자비용을 상환할 수 있다. 물을 적게 쓰는 수도꼭지, 샤워꼭지, 세탁기, 식기세척기 등도 이미 제품이 나와 있다. 셋째, 물을 절약하면 하수발생량도 줄어 하수처리비용을 줄일 수 있다. 하천오염도 막을 수 있다. 또한 상수공급과 하수처리에 들어가는 에너지를 줄일 수 있다. 특히 지구 온난화에 대한 탄소를 감축하는데 정부 차원에서 할 수 있는 가장 쉽고 빠른 일이 될 것이다.

절수정책에도 등급이 있다. 가뭄시 잠시 물절약을 하는 척하다가 가뭄이 그치면 잊어버리는 것은 전형적인 물맹들이 하는 하수의 정책이다. 이들은 값비싼 하수재이용이나 해수담수 같은 방법만 제시한다. 중급의 정책에는 물절약을 외치지만 목표수치가 없다. 물절약은 구호로만 그치고 구체적인 실천을 유도하지 않으니 그 성능을 검증할 수가 없다. 자신의 물사용량을 모르는 물맹들의 합창이다. 고수의 정책이란 목표연도에 따른 물사용량 목표치를 정하고, 그에 맞추어 전 사회적으로 교육, 홍보, 산업육성, 법제도정비 등으로 절수형 사회를 만드는 것이다.

고수의 정책은 고수의 시민이 만든다. 전국민이 물맹을 탈출하여 과감한 절수목표치를 정부와 함께 정해서, 매년 그 수치의 달성여부를 체크하고 보완해가는 사회적 운동을 하는 것이다. 물절약은 가장 싸고, 효과적이고, 물부족 해소는 물론 탄소 감축등 다른 목표들도 함께 달성할 수 있다. 모든 사람이 자발적으로 참여해서 물을 절약하는 '모든 사람에 의한 (by All)' 물관리가 필요하다.

생활용수의 25%가 변기에서 사용되는 것을 보면 초절수형 변기의 보급만으로 아무런 불편없이 쉽게 물과 에너지를 줄일 수 있다.

수세변기를 깨자

수세변기를 고발한다

미국의 과학한림원에서는 20세기 들어 인류에 가장 혜택을 준 10대 발명품 중 하나로 상하수도 시스템을 선정한 바 있다. 그 이유는 상하수도로 인하여 깨끗한 물을 만들어 공급하고, 청결하고 위생적인 환경을 만들면서 인간의 평균수명을 30년 정도 늘렸다는 공로를 인정받은 것이다. 인간의 건강을 지키려고 노력하는 의사나 약사도 평균수명을 1년이나 5년 밖에 연장한 것에 비하면 그 공로를 알 수 있다.

10대 발명품 중 최고 그랑프리는 뭐니 뭐니 해도 수세변기의 보급이다. 모든 사람이 오물을 생산 하자마자 단추만 누르면 물로 말끔히 씻어져 눈앞에서 사라진다. 그런데 다음과 같은 문제를 생각해 보았는가. 도시 전체에서 수세변기에서 사용되는 많은 양의 물은 어디서 어떻게 오는 것일까. 수세식 변기의 단추를 누른 다음에는 어디로 어떻게 흘러가며, 그것이 생태계와 인간에 어떠한 영향을 미치고 있는가. 우리가 행한 행동에 대한 책임을 지고 있는가.

우리가 수세변기를 편리하게 쓰고 있는 그 이면에 다른 희생자가 없는지 살펴보아야 한다. 우리가 좋다고 하는 것은 선진국, 인간, 또는 우리 세대의 관점에서만 그런 것이 아닌가. 후진국이나 생태계, 그리고 다음 세대의 관점에서도 과연 좋을 수 있을까. 우리는 30년을 더 살수 있다고 하지만 그것으로 인하여 하천의 오염, 자연의 파괴, 에너지의 과다 사용 등으로 지구 전체가 몸살을 앓는다거나, 그러한 물을 공급하기 위하여, 또한 그 부산물인 하수를 처리하기 위하여 제 3의 사람들이 피해를 보는 일이 없는지 생각해 보자. 우리 후손들이 그러한 고비용, 고에너지 시스템에 묶여 할 수 없이 비싼 유지관리비를 내게 될 수도 있다. 20세기에 30년 더 사는 대가로 21세기에 자연이 파괴되고 지구가 멸망한다면, 그것은 마치 일시적인 고통을 줄이면서 가정과 육체를 좀먹는 마약과도 같은 존재가 아닌가 생각한다.

배설물을 잘 처리하는 문제는 인류의 역사상 가장 커다란 숙제였고 앞으로도 큰 숙제거리가 될 것이다. 그 처리를 잘못하여 많은 사람이 병들어 죽거나 심지어는 도시전체가 살지 못하는 경우까지 도달한 경우도 있다. 그것을 처리하는 방법으로 현재 각광을 받고 있는 것은 수세변소이다.

그러나 다음과 같은 9가지 죄목으로 수세변기를 고발하고자
한다.

1. 물을 많이 사용하도록 한 죄

2. 깨끗한 물을 섞어서 모두 더럽게 만든 죄

3. 하수를 많이 내려 보낸 죄

4. 배설물속의 비료 자원을 낭비한 죄

5. 분과 뇨를 합쳐서 내보낸 죄

6. 땅과 섞을 것을 물에 섞어 내보낸 죄

7. 물 부족이라고 엄살을 떨게 하면서 댐이나 자연을 파괴한 죄

8. 에너지를 많이 쓰도록 한 죄

9. 자신이 만든 더러운 것을 멀리 버리고 남에게 치우도록 한 죄

현대에 사는 어느 누구도 위와 같은 수세변기의 죄목에서 자
유로울 수 없다. 수세변기가 유죄판결을 받는다면 모든 시민은 공
범이나 협조자가 되는 셈이다. 그렇다고 어느 누구도 배설을 하지
않고 살수는 없다. 이것을 어떻게 공학적으로 풀어나갈 것인가.
좋은 사례는 없는가. 그에 대한 답은 있다. 공학적인 기구, 장치,
방법들은 모두 다 존재한다. 인류역사를 되돌아보고, 선조들의
지혜, 첨단기술을 도입한다면 답은 있다. 사회의 모든 사람이 인
식을 하고 다 함께 사용하도록 유도한다면 이것은 사회적인 문제
가 된다. 그리고 그것을 왜 사용하느냐를 사람들에게 알리고 설

득하기 위해서는 철학과 문화적인 문제로 접근하여야 한다. 그리고 그러한 철학은 과학적인 근거를 필요로 한다.

20세기의 최고의 발명품인 수세변기의 축복을 21세기와 그이후로도 누리기 위해서는 수세변기에 대한 잘못된 인식을 과학적, 공학적인 방법으로 비판하고, 그것을 사회적으로 접목시켜 인류에게 편안한 미래를 만들어야 한다.

그 결과 새로운 인식의 전환이 사회적으로 확산되어 환경부의 정책이 바뀌고, 대한민국을 중심으로 새로운 패러다임의 배설물 처리기술이 전 세계에 전파되어 제 3세계의 사람들이 혜택을 받고, 자연에 대한 파괴를 줄이며, 후손에게 부담을 주지 않는 그러한 방법이 활용되기를 기대한다.

물 많이 잡아먹는 수세변기를 깨자

2012년 6월 전라남도 신안군의 기도라는 작은 섬에 빗물이용시설을 설치하여 섬지방의 물 문제를 간단하게 해결해 주었다. 기도에는 9가구 20명의 주민이 살고 있다. 물의 사용처에 따라 필요로 하는 수질이 다르므로 공급방법을 다르게 하였다. 지붕에 떨어지는 빗물은 4,000리터짜리 빗물 저장조에 보관되어 침전처리가 된다. 이물은 별도의 처리 없이 세수, 세탁, 설거지 등 생활용수로 사용하고, 먹는 물만은 자외선 소독을 한다. 화장실

물은 짠 지하수를 사용한다.

하루에 주민 한 사람이 40리터를 쓴다고 하면, 기도의 지붕에 떨어지는 빗물로 일년 내내 충분히 사용할 수 있다. 이번 여름에 온 많은 비는 이들에게는 축복이었다. 평생 소원이던 짜지 않은 물로 마음껏 목욕을 할 수 있었기 때문이다. 빗물시설의 진가를 더 발휘할 수 있는 기회가 생겼다.

지하수가 고갈되어 안 나오는 적이 있었다. 모든 주민들은 만약에 빗물이 없었다면 어떻게 되었을까 하는 생각에 안도의 한숨을 내쉰다. 더 중요한 것은 이런 호사를 누리면서 유지관리 비용을 하나도 내지 않는다는 것이다.

최근에 또 다른 문제점이 발견되었다. 빗물이 모자란 것이다. 그 원인은 다름 아닌 수세식 변기이다. 지하수가 안 나와서 빗물로 대체하다 보니 수세변기에서 엄청난 물을 사용하는 것이다. 설치된 수세변기는 일회 당 13리터로서 하루 세 번만 누른다고 해도 하루 물 사용량이 없어진다. 설거지나 세탁할 때 아무리 아껴도 2~3리터밖에 아끼지 못하는 것을 보면 앞으로 남고 뒤로 밑지는 셈이다.

섬지방의 물 부족의 주범은 다름 아닌 수세변기이다. 대부분의 섬 지방에서는 비싼 돈을 들여 해수담수화 시설을 만든 다음 물을 많이 사용하는 구식의 수세변기를 사용하고 있다. 당연히 그 비용은 주민들의 수도요금으로 청구된다. 변기에서 나온 물은 그대로 바다를 오염시키거나 하수처리비용으로 되돌아온다.

이곳 기도에서의 경험을 바탕으로 우리나라 물 부족을 해결하는 방법을 찾을 수 있다. 그것은 물을 많이 쓰는 수세변기를 물을 적게 쓰는 고효율의 변기로 바꾸는 것이다. 한번만 바꾸면 별도의 유지관리비를 들이지 않아도 전체 물 사용량의 20~30%를 절약할 수 있다.

수세변기에 벽돌 한 장을 집어넣으면 벽돌 한 장의 부피인 1리터를 절약하는 것이다. 6리터짜리 수세변기로 바꾸면 일회당 7리터, 하루에 한 사람당 약 50리터를 절약하는 셈이다. 대소변에 따라 자동으로 물의 양을 조정하여 내려주는 스마트한 변기 시트를 쓰면 하루에 약 30리터를 줄인다. 화장실을 많이 사용하는 학교나 공공시설부터 고치면 1~3년 만에 투자한 금액이 회수된다. 물을 전혀 안 쓰는 변기를 사용하면 하루에 70리터 이상을 절약한다. 전 국민이 변기만 바꾼다면 우리나라는 물 부족 국가를 면할 수 있다는 계산이 나온다.

정부의 물관리 정책에 변경을 제안한다. 즉, 시중에서 유통되고 있는 모든 수세변기에 일회 물 내림양이 표시되도록 의무화해야 한다. 시중에 대용량의 수세변기가 유통되지 못하도록 해야 한다. 현재 설치되어 있는 대용량의 수세변기는 모두 다 4리터 이하로 교체하도록 보조금이나 인센티브를 주어야 한다. 대소변을 구분하여 물을 내리는 자동 시트를 부착하도록 해야 한다. 이렇게 되면 시민들은 물을 절약하여 수도요금이 줄어든다. 하지만 이 절약되는 비용만큼 수도요금을 인상해도 시민들은 손해를 보지 않기 때문에 찬성할 것이다.

변기에서 내리는 물은 곧바로 하수가 된다. 변기에서 내리는 물의 양을 줄이면 환경오염을 일으키는 하수의 양도 줄이고, 그것을 운반하고 처리하는 비용도 줄일 수 있다. 또 그만큼 물을 공급하거나 하수를 처리하는데 드는 에너지를 줄일 수 있다. 댐을 만드는데 생기는 갈등도 줄일 수 있다. 이야말로 모두가 행복한 물관리 정책이니 어느 누구도 반대할 이유가 없다.

지금부터 정부와 시민이 합심하여 '물 많이 잡아먹는 수세변기 깨기' 프로젝트를 시작하자. 그것이 우리나라 물 부족과 잘못된 시민의식을 깨는 가장 손쉬운 방법이다.

절수형인 듯 절수형 아닌 절수형 같은 환경부 정책

우리나라는 물 부족국가라고 하지만 환경부의 절수정책은 매우 소극적이다. 하루에 한사람당 쓰는 물의 양이 280~330리터로서 독일의 100리터보다 2~3배나 된다. 상하수도 정책의 최우선 순위는 물 절약이어야 하며, 그중 가장 쉬운 것이 수세변기를 절수형으로 바꾸는 것이다. 변기란 가장 깨끗한 수돗물이 가장 더러운 하수로 바뀌는 장소이다.

절수형으로 바꾸면 상수량과 하수량 모두 줄일 뿐만 아니라, 상수를 처리·운반하고 또 하수를 처리하는데 드는 에너지(1.5kWh/톤)도 줄일 수 있다. 사용자는 상하수도요금(2,200원~3,500원/톤)을 줄일 수 있다. 하지만 수도사업자는 수입이 줄어든다고 싫어할 수 있다.

수세변기의 1회 물 사용량은 변기 뒤 물탱크의 가로, 세로, 높이를 곱한 부피로 쉽게 계산할 수 있다. 기존의 변기는 대략 12리터이다. 한사람이 하루에 6번 정도 누른다고 가정하면 72리터를 사용한다. 만약 수세변기를 1회 4리터짜리 초절수형으로 바꾸면 하루에 한 사람당 48리터씩을 절약할 수 있다. 5000만 인구를 곱하면 일년간 절약되는 양은 약 9억톤, 에너지는 13억kWh가 된다. 전국의 모든 변기를 절수형으로 바꾼다면 댐 7개 중 한 개는 줄일 수 있고, 발전소 몇 개를 줄여도 되는 계산이 나온다.

기술적으로 보면 절수변기의 핵심은 두 가지이다. 첫째는 변기의 구조다. 배관을 사이펀 형으로 복잡하게 만든 기존의 변기는 구조적으로 물을 많이 쓴다. 억지로 물량을 줄이면 잘 씻겨지지 않아서 두세번 세척해야 하므로 오히려 물이 더 든다. 하지만 직선배관으로 된 변기로 바꾸면 4리터의 물로도 세척이 가능하다. 둘째는 절수장치다. 수도관의 압력이나 대소변에 따라 자동으로 한번에 4~13리터 씩 조절하는 자동 감응식 플러시 밸브가 최신 유행처럼 사용되고 있지만, 수도법 기준에 따르면 가장 큰 수치인 13리터가 사용수량으로 인정된다. 따라서 이러한 장치는 절수형은 아니다. 결과적으로는 절수형이 아닌 변기들이 절수형 같이 시중에 많이 유통되고 있다.

절수변기의 경제성을 보자. 12리터를 4리터짜리로 바꾸면 회당 8리터가 줄고, 만약 하루100번 사용하는 변기라면 800리터, 한 달이면 24톤이 절약된다. 최근에 오른 상하수도요금 2200원을 곱하면 변기 한 개 당 매달 5만원가량 줄일 수 있다. 시판되는 변기 당 가격은 15만~50만원, 1년 이내에 교체비용이 빠지고 그 다음부터는 계속 이득이다. 변기 한 개당 줄어드는 전기량은 연간 360kWh이며, 전국적으로 보급됐을 때 정부의 에너지 수급계획에 엄청난 도움을 준다.

하지만 환경부의 수도정책은 절수형인듯 하지만 절수형은 아니다. 첫째, 연도별 절수목표 수치가 없다. 둘째 절수형이 아닌 변기의 설치는 물론, 제조 유통까지 금지해야 하고 초절수형 변기의 연구개발, 보급을 해야 한다. 셋째, 시민단체들과 함께 절수효과를 홍보하면서 절수기기 보급에 앞장서야 한다. 넷째, 절수 시행자에 대한 인센티브를 주는 제도를 만들어야 한다. 다섯째, 절수정책으로 수입이 줄어드는 수도사업자의 대책을 마련해줘야 한다.

우리나라는 절수정책을 펴기 위한 만반의 준비가 돼 있다. 제도도 잘 돼 있고, 초절수형 변기 기술도 있다. 상하수도 요금이 올라서 경제적으로도 타당하다. 물 절약을 위한 민간기구도 있다. 단지 정부의 의지와 그것을 따르는 시민들만 있으면 된다.

이것을 간단히 해결하는 방법으로 다음과 같은 건배사를 제안한다. 먼저 앞에서 이공이공(2020)이라고 선창하면 후렴으로 이공공(200)하는 것이다. 이것은 2020년까지 우리나라 한 사람당 물 사용량을 현재의 280리터에서 200리터로 줄이자는 의미를 담고 있다. 모든 사람이 이 건배사의 의미를 새기는 순간 우리나라는 물 부족국가에서 벗어날 것이다. 그리고 이러한 초절수변기 기술과 그것을 보급해 물을 엄청나게 줄인 제도적 사례는 전 세계의 물 부족 문제 해결을 위한 새로운 물산업의 지평을 열 수 있을 것이다.

과대포장 절수형 변기 퇴출작전

천 원짜리 아이들 과자에도 내용물의 무게가 포장에 적혀있다. 만약 내용물이 포장에 적힌 것에 비해 용량이나 성능이 적다면, 소비자들은 과대포장으로 불만을 제시하고 손해배상을 요구할 수 있다. 생산자와 소비자의 신뢰를 지키기 위해 법이 만들어지고 그것을 집행하는 것이 정부가 할 일이다.

2012년 이후 개정된 환경부의 수도법에 따라 신축 건물에는 절수형 변기가 의무적으로 설치되도록 하였다. 절수형 변기는 기존의 변기보다 물을 적게 사용하도록 설계된 변기로 수도법에서는 대변기 기준으로 사용수량이 6리터 이하인 것으로 정하고 있다.

서울대학교 연구진은 2014년 이후 신축된 건물과 공공화장실을 찾아 실제 사용되고 있는 변기의 물 사용량을 확인하였다. 국회를 비롯하여 지하철 역사, 대형쇼핑몰, 공원화장실, 대학교 건물 등 10곳 이상에서 측정을 하였는데 측정결과 평균 11리터를 사용하고 있었다. 대형쇼핑몰에서는 무려 14리터를 사용하였다. 모두가 과대 포장된 가짜 절수형변기를 쓰고 있는 셈이다. 아마도 전국의 대부분의 다른 건물도 마찬가지 일 것이다. 이에 대해 주무부처인 환경부나 담당 지자체에서 제재를 가한 사례는 전혀 없다.

그 이유는 첫째, 변기의 기술적 문제다. 시중에 유통되는 대부분의 사이펀식 절수형 변기는 관경이 좁아서 변기가 막히거나 잘 씻기지 않아서 물 사용량을 줄이는데 한계가 있다. 하지만 물을 적게 쓰는 변기기술은 이미 수십 가지 이상의 방법이 나와 있다. 둘째는 변기에 성능표시가 없는 것이다. 따라서 현재 사용하는 변기의 성능을 체크할 수도 없고 손해배상을 청구할 수도 없다. 내용물의 용량이 표시되지 않은 과대 포장된 과자를 사서 억울해 하면서도 하소연도 하지 못하는 것과 같다.

그 해결책은 간단하다. 첫째는 변기의 성능을 눈에 잘 보이도록 적어 놓는 것이다. 그래야 소비자들이 올바른 제품을 선택 하고, 손해배상을 요구할 수 있다. 그러면 양심 있는 제조업체와 시공업체는 그것을 지키도록 노력을 할 것이다. 두 번째는 정부에서 진정한 절수형 변기만 쓰게 하는 것이다. 그러한 사례로서 미국 환경보호청(US EPA) 홈페이지에서는 절수변기 회사와 제품을 소개하고 있는데, 이곳에는 물 사용량 3.0~4.8 리터/회 의 초절수형 변기의 모델만 3,000여 개를 소개하고 있다. 소비자들은 그 성능을 보고 제품을 고르기 때문에 저절로 가짜 절수형 변기는 시장에서 사라질 것이다.

변기란 가장 깨끗한 수돗물이 가장 더러운 오염물로 바뀌는 장소이다. 물과 에너지를 잡아먹는 하마인 셈이니 잘만 관리하면 많은 예산을 줄일 수 있다. 만약 전국의 모든 변기를 4.5리터/회 이하의 초절수형 변기로 바꾼다면 절약되는 수돗물양은 매일 130만 톤, 상하수도 처리에 드는 에너지를 2kWh/톤으로 가정하면 매일 260만kWh의 에너지를 절약한다. 변기 교체만으로도 댐과 원전을 줄이는데 상당부분 기여할 수 있다. 국가의 탄소 감축 효과도 엄청나다.

가짜 절수형변기를 퇴출하기 위해서 수도법을 개정해야한다. 변기에 성능표시를 하고, 제대로 감시하고 초절수형 변기 이외의 것을 시장에서 퇴출 시켜야한다. 생활용수의 25%가 변기용수인 것을 보면 변기 교체만으로 우리나라 물, 에너지 문제를 커다란 불편 없이 줄일 수 있다. 무엇보다도 물이 부족하다고 하면서 변기에서 물을 펑펑 낭비하고 있느냐는 외국인의 창피한 지적도 피할 수 있을 것이다.

지승요강(종이로 만든 요강, 일명 가마요강)
새색시가 시집갈때 가마에 넣어주는 친정부모의
마음이 담겨있다.

> PART 05

다목적 분산형
빗물관리

· 홍수

· 가뭄

· 폭염과 화재

· 수질오염

· 비상시 물 공급대책

· 미세먼지

빗물을 받아서 쓰자는
의미로 우리(雨利)의 로고

홍수, 가뭄, 폭염, 화재, 수질오염
등의 물문제와 비상시의 물공급을
하기 위해서는 새로운 패러다임인
다목적 분산형 빗물관리를 하여야
한다.

홍수

🐟 홍수, 새로운 진단과 새로운 처방

기후변화에 따른 홍수가 잦아지고 있다. 이와 같은 새로운 도전에는 새로운 진단에 따른 새로운 처방이 필요하다.

최근의 홍수 피해를 단지 하늘에서 비가 많이 왔기 때문이라고 돌리면 인간은 할 일이 별로 없다. 그저 평소에 좋은 일 많이 하고 주위에 억울한 사람이 없는지 보살피고 하늘에 기도를 하면 된다. 그런데 우리 국토의 계곡이나 하천은 수백만 년 이상 온갖 최악의 기후 상태를 거쳐 오늘에 이른 것이니 백년 빈도의 비를 감당하는 것은 별로 어렵지는 않을 것이다. 단지 인간이 개입되는 바람에 물상태가 바뀌었기 때문에 생긴 일이다.

반복해서 같은 홍수피해를 당하지 않으려면 철저한 분석과 진단에 의한 처방을 내 놓아야 한다. 진단은 의외로 간단하다. 중학교 물리학에서 운동량은 다음의 공식으로 표시된다.

$$P = mv$$

여기서 P는 운동량, m은 물체의 질량, v는 속도이다.

첫째, 질량(m)이 많아졌다. 내려가는 빗물의 양이 많아진 것이다. 새로 집이나 도로를 지으면서 지붕이나 포장에서 나온 빗물을 모두 하수도나 하천에 넣고 버리는 바람에 이전과 같은 양의 비가 오더라도 더 많은 비가 온 것처럼 흐르게 된다. 둘째, 빗물의 속도(v)가 빨라졌다. 도로나 아스팔트는 거침이 없는 빗물의 고속도로가 된다. 하천 중간에 있던 돌부리를 다 없애고 직선화된 하천은 이전에 비해 물을 빨리 내려 보낸다. 너도 나도 빨리 내려 보낸 빗물은 커다란 운동량(P)이 되어 하류의 시설과 사람에 피해를 주게 된다.

이것은 도시 설계나 하천정비에 관한 철학적 빈곤에서 비롯된다. 빗물을 빨리 눈앞에서 사라지게 해서 나만 좋으면 된다는 생각으로 하류사람을 배려하지 않고 빗물을 버리는 도시로 만든 것이다. 특히 경사가 급한 우리나라는 평평한 지역에 사는 외국에서 하던 방식을 따라 그대로 해서는 낭패를 볼 수 있다.

진단이 나왔으니 처방은 간단하다. 그것은 빗물의 질량(m)을 줄이고, 속도(v)를 줄여 운동량(P)을 줄이는 것이다. 첫째로 하천이나 하수도로 들어오는 빗물의 양(m)을 줄여보자. 집집마다 빗물저장조를 만들거나 오목하게 정원을 만들어 지붕이나 주차장에서 나오는 빗물을 천천히 내려가게 하면 된다. 도로를 만들어도 중앙분리대를 오목하게 만들어 땅속에 침투시키면 된다. 소규모 지역마다 역할을 분담하도록 하면 된다. 둘째는 속도(v)를 줄이는 방법이다. 하천이 구불구불하게 흐르게 하면 속도가 줄어든다. 개천가의 돌부리, 나무 그루터기들도 속도를 줄여주는 역할을 한다. 연못을 만들어 지체시간을 늘려 속도를 줄인다.

세 번째는 이것을 해야 하는 이유와 방법을 설명하고 정책에 반영해 모든 사람들이 따르도록 해야 한다. 그런데 이것은 의외로 간단하다. 같은 땅 같은 기후에서 모진 풍파를 겪으면서 오래 살아본 우리의 선조들에게 답이 있다. 마을을 나타내는 동자를 보면 알 수 있다(洞=水+同). 마을을 만들 때 고려해야 할 가장 중요한 것은 물로서, 개발 전과 개발 후의 물 상태를 똑같이 하라는 뜻이다. 즉 빗물의 운동량이 같도록 만드는 것이 철칙이다. 경복궁의 연못인 경회루와 향원정을 만든 이유도 궁궐을 지을 때 빗물이 더 많이 나가서 청계천에 피해를 주는 것을 막기 위해 '운동량을 같게 하는 원칙'을 지도자가 솔선수범한 것이라고 해석할 수 있다.

이러한 처방을 우리 사회에 도입하기 위한 정책이 필요하다. 도시를 설계하거나 관리할 때 빗물을 버리는 대신 빗물을 모아 운동량을 줄이는 방향으로 모든 정책을 바꿔야 한다. 도로, 건물, 하천정비 등 신규 개발 시 추가되는 빗물의 운동량을 환산해 그만큼 책임을 부가하거나 비용을 부담하도록 하는 것이다. 발생원에서 조절하면 큰 비용을 들이지 않고도 해결할 수 있다. 현재 우리나라의 많은 지자체에서 이러한 것을 반영한 빗물조례를 만들었으나 시행규칙은 미미하며 정책 결정권자들의 의지가 부족하다. 이를 위한 정부자체의 패러다임 변화와 그 제도적 확산을 위한 지원이 필요하다.

뭉치면 살고 흩어지면 죽는다. 우리 모두가 정책적으로 합심해 빗물을 흩어지도록 관리하면 홍수에 대한 걱정을 줄일 수 있다. 그렇지 않으면 힘이 세어진 빗물에 생명과 재산을 내 놓아야 한다. 이와 같이 빗물을 분산하여 모으는 방안으로 홍수를 해결하면 물 부족은 저절로 해결된다. 길 들기 힘든 야생마도 잘 만다루면 천리마가 되듯이….

⚓ 대심도 터널 수방대책의 불편한 진실

2012년 서울시는 신월동이나 도림천 유역의 수해방지 대책으로 천문학적인 돈을 들여 지하에 대규모 저류터널을 건설한다고 발표했다. 대개 이와 같은 수방대책은 시민의 안전을 담보로 공학적, 경제성 분석은 물론, 적법한 행정절차까지도 생략하고 초스피드로 진행된다. 이와 같은 관행은 시설을 만들면 절대적으로 안전해질 것이라고 믿는 지역주민들,

자신에게 피해만 오지 않으면 관계하지 않는 일반시민, 지역주민들의 바람을 잘 아는 정치가, 그리고 이때를 틈타 자신이 유리한 설계를 제안하는 전문가들의 합작품이다.

서울시에서는 이와 같이 대규모의 집중형 시설에 천문학적인 돈을 쓰면서 과연 이것이 필요한지, 다른 대안은 없는지 등은 검토하지 않고 너무 졸속으로 결정한 것이 아닌가 하는 생각이 든다. 서울시에서 시작한 이러한 방식은 전국의 모든 시군에서 유행처럼 따라 할 것이 걱정된다. 대규모 시설에 치우친 수방대책의 안전성과 경제성과 절차와 상식에 대한 불편한 진실을 제시하고 그 답변을 공개적으로 요청하고자 한다.

첫째, 안전성에 대한 불편한 진실이다. 예를 들어 어느 지역에 30년에 한번 오는 큰 비로 홍수피해를 당해 50년 빈도로 높여 시설을 만든다면, 그보다 더 큰 비가 올 때 안전을 보장하지 못하는 것은 마찬가지이다. 기후위기 시대에 이러한 문제는 항상 존재한다. 이와 같은 대규모 공사는 설계부터 시작하여 완공 때까지 시간이 많이 든다. 그 사이에 큰 비가 오면 안전하지 않다. 시설물을 만든 지점의 하류는 안전할지 모르나, 상류에 있는 지역은 전혀 도움이 안 된다. 만약의 경우 대형시설이 작동을 못하면 그 위험도가 매우 커지게 된다. 그렇다면 다른 지역은 안전한가 게릴라성 호우라고 불리는 국지성 집중호우는 언제 어느 지역에 올지 모르기 때문에 대비하지 못한 서울시내 전체가 모두 다 위험한 셈이다.

둘째, 경제성에 대한 불편한 진실이다. 건설비로 수천억이 들어가고, 추후에 펌프나 처리비용, 그리고 청소 등 유지관리 비용이 천문학적으로 들어갈 것은 뻔하다. 건설비의 일부와 유지관리비를 지역에서 내야 하는데 지역의 주민들과 정치가는 그것을 고민하지 않는 듯하다. 큰 비가 올 때 더러운 물을 빨리 한강에 내보내면 수질 오염총량제로 하천수질관리를 위해 그동안 투입한 비용과 노력이 한꺼번에 물거품이 된다. 다른 지역의 사람들이 이 때문에 비용을 더 내야만 한다면 무작정 무관심할 수만은 없을 것이다.

셋째, 절차에 대한 불편한 진실이다. 천문학적인 비용이 들고 자연을 훼손하는 시설을 만들려면 그것을 합리화시킬 납득할 만한 서류나 보고서가 있어야 한다. 그 수준은 전문지식이 없는 정상적인 지식을 가진 사람이면 납득할 수 있는 정도로 쓰여야 한다. 그러나 우리나라에서 급박하게 이루어지는 수방대책의 설계나 시설에 관한 한 이러한 것은 없는 듯하다. 안전성만으로 모든 것을 합리화했던 사회적, 정치적 관대한 관행이 오히려 미래의 안전성을 보장 못한 결과가 되었다. 새로운 강우패턴, 대책, 피해 모두가 불확실한 상태에서 최고의 기술을 발휘하고, 점점 더 진보된 기술로 나가기 위해서는 진부한 대응방식과는 근본적으로 달라야 한다. 비슷한 경우를 당한 선진국의 대응절차를 교훈삼아야 할 것이다.

넷째, 상식에 대한 불편한 진실이다 물은 높은 곳에서 낮은 곳으로 흐른다. 하류에 시설을 하면 하류만 해결할 수 있지만, 상류에 시설을 두면 상류, 하류 모두 문제를 해결할 수 있다. 하류에 두면 홍수방지 한 가지 목적에만 사용할 수 있지만, 상류에 두면 깨끗한 빗물을 모아 홍수방지는 물론 수자원확보, 수질오염방지 등 다목적으로 사용할 수 있다. 아무리 선진국이라 할지라도 우리보다 비가 적게 오는 나라에서 만든 기술은 기후와 지형 특성이 훨씬 더 열악한 우리나라에서는 적용될 수 없다. 이러한 집중형의 시설을 만들면 당장 우리는 약간의 안전성이 높아질지 모른다. 하지만 그 유지관리 비용은 우리의 아들딸들이 내야하고, 시설의 수명이 다 했을 때 우리의 손자 손녀들이 그 위험과 비용을 뒷감당 해야 한다.

대안은 있다. 그것은 대형의 집중형 시설을 하기 보다는 작은 규모의 시설을 도시 전역에 분산하여 설치하고, 다목적으로 이용하는 것이다. 특히 정책만 잘 만들면 큰 돈 안들이고도 신속하게 주민들이 자발적으로 빗물관리 시설을 만들도록 유도할 수 있다. 이것이 기후위기에 대비하여 전 세계적으로 바꾸고 있는 빗물관리의 첨단 방식이다.

🐚 배탈의 해결법에서 본 홍수 대책

배탈이란 소화시킬 수 있는 능력보다 많이 먹기 때문에 일어난다. 과식을 해서 배탈이 나면 좋은 약을 찾아서 사먹든지, 좋은 병원을 찾아가서 문제를 해결하는 사람이 있다. 하지만 현명한 어르신들은 아주 간단한 처방을 해준다. 그것은 음식을 좀 적게 먹거나, 아니면 좀 덜어 두었다가 나중에 먹으라고 하는 것이다. 덜어놓은 음식은 그 다음에 아주 맛있게 먹을 수 있다. 여기서 얻는 교훈은 많이 먹은 결과에 따른 대책만을 살피는 것보다는 배탈의 원인을 찾아서 근원적인 처방을 하는 것이 더 현명하다는 것이다. 이러한 대책방법을 홍수에도 적용시킬 수 있다.

홍수란 비가 내려서 흘러가는 양이 하수도에서 빗물을 흘려보내는 능력보다 크기 때문에 일어난다. 홍수가 발생하는 원인은 세 가지이다. 첫째는 비가 많이 오는 것이다. 요즈음은 이상기후 때문에 과거보다 단시간에 더 큰 비가 온다고 한다. 하지만 이것은 하늘의 뜻이므로 인간의 힘으로 막을 수는 없다. 두 번째는 비가 스며들지 않고 더 많이 흘러 내려가는 것이다. 초지가 건물의 지붕이나 아스팔트로 바뀌게 되면 개발하기 이전보다 두 배 이상의 물이 내려가게 되어 이것이 원인이 되는 것이다. 이 원인은 기후변화에 의해 더 많이 오는 10~20%의 비보다 훨씬 더 양이 많아 심각한 문제를 발생한다. 세 번째는 하수도의 용량이다.

과거 개발시대의 하수도는 비용을 줄이기 위해 5~10년 빈도의 강우에 견디도록 만들었으니, 그 이상의 강도의 빗물에는 넘치는 것이 당연하다. 기존의 도시에서 모든 하수도의 용량을 키우는 것은 천문학적인 비용과 시간이 든다. 게다가 어느 한 지역의 홍수방지를 위하여 시민의 세금을 많이 쓴다면 나머지 지역에서는 불만의 소지가 있다.

홍수의 대책을 배탈이 안 나게 해주는 현명한 어르신의 의견을 적용해보면 아주 간단하다. 그것은 원인을 해소해주는 것이다. 비가 더 많이 오는 것은 어쩔 수 없다. 그러나 사람들이 개발을 하면서 형질을 바꾸었기 때문에 추가로 내려가는 빗물만 잡아주면 된다. 개발자의 책임으로 빗물을 저류하거나 침투시키도록 하며, 그 시설의 용량은 형질을 바꾸어 더 많이 내려가는 양만 설치하면 된다. 만약, 사정상 그 시설을 만들 수 없다면 부담금을 내도록 하면 된다. 원인을 제공한 사람이 해결 하도록 하는 것이니 다른 사람들은 불만이 없다.

수방대책의 패러다임을 바꾸어 보자. 과거의 수방대책은 결과만을 보고 그 대책을 세우는 집중형 시설 위주의 사후처리 일변도였다. 따라서 설계 강우보다 더 큰 비가 올 때에는 안전성을 보장하기 어렵다. 홍수의 근본원인은 개발에 의해 내려가는 빗물의 양이 많아진 것이므로 원인제공자가 스스로 빗물저장시설이나 침투시설을 만들도록 하자. 저장된 빗물은 수자원으로 활용할 수 있으며, 침투된 빗물은 지하수로 보충되어 후손이 쓸 수 있다. 이것은 분산형 시설이므로 그 규모가 크지 않고, 비용도 적게 들어 단시일 내에 설치가 가능하다.

올해도 큰 비에 시내 곳곳에 홍수가 예상된다. 배탈의 원인을 알고 덜 먹도록 하는 현명한 어르신과 같은 처방을 시행하도록 정부당국에 건의한다. 이것은 개발을 하는 주체가 의무적으로 분산형 빗물관리를 하도록 법을 제정하는 것이다. 이렇게 하면 보다 더 합리적이고 공평하고, 모두가 행복한 해결책을 찾을 수 있다.

🌙 수해대책, 와플에서 답을 찾다

매년 전국적으로 폭우와 태풍 피해가 심각하다. 물난리와 산사태로 많은 인명과 재산 피해를 가져왔다. 수해가 난 이후의 시나리오는 매년 똑같다. 언론과 시민단체, 전문가가 나서서 천재냐, 인재냐 따지다가 결국은 지구온난화와 기후변화로 핑계를 돌리고, 아무도 책임을 지지 않는다. 복구비용은 땜질식으로 다 쓴다. 대책이라고 내 놓는 것은 모두 비용과 시간이 많이 드는 실현 불가능한 장밋빛 계획만 세우다가, 결국은 예산은 확보하지 못하여 아무런 대책을 세우지도 못한다. 준비가 안 된 상태로 또 다시 내년에 새로운 홍수를 맞이하게 될 것은 보지 않아도 뻔하다. 그 중에 손해를 보는 것은 생명과 재산을 잃은 시민들, 그리고 세금을 내는 모든 시민들이다. 비가 많이 오는 것은 하늘의 뜻. 사람의 힘으로 막을 도리는 없다. 사람이 땅에서 할 수 있는 것은 한정된 시간과 돈으로 사람들이 피해를 보지 않도록 최대한 노력해야 한다.

예를 들어 도림천에 1,000억 정도 들여 지하 저류조를 만들어도 다른 지역의 침수 피해는 막을 수가 없다. 다른 지역에 침수피해가 나면 또 이와 같은 돈을 투입하여야 하는데 이러한 비싼 시설은 그 비용과 시간 때문에 불가능에 가깝다. 이것을 주장하는 정부당국은 비싼 대안만을 고집하면서 돈을 주지 않으면 아무것도 안하겠다고 떼를 쓰는 어린아이와 같다.

이에 대한 대안이 있는가? 그것은 분산형 빗물관리이다. 그 개념은 와플이라는 과자를 예로 들어 비유하면 쉽게 설명할 수 있다. 와플은 표면이 격자 상태로 돼 있어 만약 꿀을 뿌리면 각각의 격자 안에서 꿀을 잡아주기 때문에 모여서 흘러내리는 꿀의 양은 매우 적다. 반대로 격자가 없는 밋밋한 과자의 표면에 꿀을 뿌린다면 한꺼번에 흘러내릴 것이다. 마찬가지로 개인이든 공공이든 각자가 빗물이 떨어진 자리에서 소규모로 빗물을 모아두거나 땅속에 침투 시키면 전체적으로 내려가는 빗물의 양이 적어지기 때문에 커다란 시설을 만들지 않고도 큰 비에 대비할 수 있다. 이때는 모든 사람이 자발적으로 참여하도록 유도하는 것이 가장 중요하다.

현재 행정안전부에서 추진하는 우수유출 저감시설은 중소규모의 빗물 저장조를 만들어 홍수도 막고 물 부족을 해결하고자 하는 다목적의 시설들로서 큰 비에 그 효과를 톡톡히 보고 있다. 예를 들면 경기 수원시의 종합운동장은 빗물관리 시설을 만들어 주변 지역의 홍수를 방지함과 동시에 모아진 빗물을 수자원으로 사용한다. 더운 여름철엔 도로에 물을 뿌려 시원하게 하기도 한다. 이러한 분산형 시설은 세금을 쓰지 않고도 만들 수 있다. 서울 광진구의 스타시티는 개발에 따라 추가로 발생하는 빗물을 개발자가 스스로 책임지도록 빗물시설을 설계해 홍수 방지는 물론, 수자원 절약, 그리고 비상용수까지 확보하고 있다. 광진구에서 용적율 3%를 빗물시설에 대한 인센티브로 제공함으로서 시공사는 투입한 비용만큼 보상을 받는다. 시키는 측과 하는 측이 모두 다 만족하는 윈-윈 정책이 쉽게 나올 수 있으니, 이러한 방법은 누구나 채택이 가능하다.

매년 해오던 홍수 대책에 관한 시나리오는 이제 식상하다. 우리의 도시를 여러개의 셀로 이루어진 와플로 보고 각 셀마다 빗물관리를 하는 새로운 패러다임의 분산형 빗물관리를 채택하자. 그러면 모든 사람이 행복하고 홍수와 물부족 문제를 해결함은 물론 단수나 화재에 대비한 비상용 물을 확보할 수 있다. 기후위기의 시대에 재난에 강한 도시를 만들기 위해서는 모든 국민이 자발적으로 참여하는 새로운 대책이 필요하다. 즉, 빗물을 버리는 도시에서 빗물을 모으는 도시(레인시티)로 바꾸도록 법적·제도적 장치를 마련함으로써 기후변화에도 대비하고 물 부족도 해결하도록 하여야 한다.

🐚 게릴라성 폭우에는 게릴라식 대응전략

최근 중국, 브라질 등 세계 곳곳에서 국지적으로 큰 비가 내려 인명과 재산 피해를 주고 있으며 우리나라도 예외는 아니다. 최근의 비의 특성은 일부지역에 집중적으로 내리는 것이다. 소수의 병력이 침투해 많은 피해를 주는 게릴라의 전략과 같다고 해 게릴라성 폭우라고 부르기도 한다.

옛날부터 동서양을 막론하고 게릴라전은 수비하는 쪽에 많은 피해를 준다. 소수 인원이라도 후방을 교란시켜 많은 타격을 주기 때문이다. 정예 수비병력은 대응이 확실하긴 하지만 느리고 비효율적일 수 있다. 정예병력을 신속히 투입시키지 못하는 지점에서 지역주민의 생명과 재산을 지킬 수 있는 유일한 길은 지역주민 스스로 방어하면서 버티는 것이다. 즉, 지역적인 자립방어의 역량을 강화하고, 사회적으로는 집중형 시스템의 단점을 분산형으로 보완하는 것이다.

게릴라성 폭우에는 게릴라식 대응전략을 도입해보자. 피해의 원인은 일부 지역에 한꺼번에 많은 비가 내려서 그 지역에서 감당할 수 있는 배수시설의 용량을 초과하기 때문이다. 어느 지역에 폭우가 올 것을 미리 안다면 사전에 그 지역의 배수시설의 용량을 키워 대비할 수 있는데 게릴라의 특성상 예고하고 오는 경우는 없다. 따라서 전 국토가 게릴라성 폭우에 안전하지 못하며 그에 대비해 전국의 배수시설을 키우는 것은 시간적으로나 예산적으로 불가능하다.

지금까지 홍수를 대비하는 전통적인 방법은 대규모 댐이나 빗물펌프장과 같은 대형의 집중형 시스템이었다. 그러나 이미 비가 와서 꽉 차있는 댐은 더 이상 홍수조절 역할을 하지 못한다. 오히려 비가 많이 오면 넘칠까봐 물을 빼내기에 바쁘다. 이 경우 하류에서는 엎친 데 덮친 격으로 더 피해를 보게 된다. 빗물펌프장도 설계빈도 이상의 비가 오면 그 피해는 오히려 더 커진다. 집중형 방어의 단점인 셈이다. 이것은 소규모의 빗물 모으기 시설을 지역 전체에 골고루 설치하면 어느 정도 보완할 수 있다.

빗물 모으기에는 논이나 밭의 웅덩이나 산지의 계곡에 만든 작은 보와 같이 가격이 싼 저류방법부터 학교나 공원 밑의 저류조나 건물의 저류조, 터널 저수조 같이 비싼 저류방법까지도 여러 가지 종류의 모으는 방법을 생각해 볼 수 있다.

비 피해는 지역적 특성이 있기 때문에 그 지방의 지형과 역사를 가장 잘 아는 그 지역 주민들이 가장 잘 대비를 할 수 있다.

지역의 특성을 살려서 빗물을 모아두어 천천히 흘러 나가도록 하는 것이다. 따라서 이러한 시설은 지역 주민의 일자리 창출은 물론 지역경제의 활성화 효과까지도 기대할 수 있다.

게릴라전의 대비요령은 지역주민의 역량을 강화하여 자체적으로 대비하도록 하는 것이다. 지금까지는 홍수 대책은 대형시설 위주로, 사후 복구차원에서, 관 주도로 해왔다. 그러나 국지성 폭우에 의한 예방대책으로는 미흡하다. 따라서 새로운 패러다임의 홍수관리 방법이 필요하다. '지피지기(知彼知己)면 백전불태(百戰不殆)'라는 말이 있다. 현재의 적은 게릴라성 폭우에 대응하기 위해서는 게릴라를 잡는 전술을 이용해야 한다.

그것은 바로 관과 민이 함께 참여하는 빗물 모으기에 의한 분산형 빗물관리이다. 이러한 개념은 새로운 것이 아니고 우리 선조들이 곳곳에 인공저수지를 파고 관리해오던 것과 같다.

이러한 개념하에서 현대의 첨단 소재기술과 정보기술을 도입해 분산형 빗물관리 기술을 개발해야 한다. 우리나라 주도 하에 만들어진 분산형 빗물관리의 노하우나 기술은 앞으로 전 세계의 게릴라성 폭우문제를 해결하는 방법으로 주도적으로 사용될 수 있을 것이다.

🐳 태양광시설 만들다 생긴 물난리

산의 비탈면에 태양광을 설치했다가 홍수피해를 당해서 태양광시설이 망가지고 깨져서 나뒹구는가 하면, 시뻘건 진흙덩이가 하류의 민가와 논밭을 덮치고, 패인 산 사면에는 돌과 자갈만 남아 황폐한 몰골이다. 태양광발전을 하려다가 오히려 물난리를 본 셈이니 혹을 떼려다 오히려 혹을 붙인 격이다. 태양광시설에서의 물 문제에 대한 근본적인 원인에 대한 진단과 그에 대한 대책이 없다면 앞으로도 계속 이러한 일들이 반복될 것이다. 이렇게 잡음이 많이 생기면 태양광 사업은 접어야 할지도 모른다.

정부와 언론에서는 비가 와서 지반이 약해졌기 때문이라는 진단이다. 그러면 얼마나 많은 양의 빗물이 어떻게 해서 지반을 약하게 만들었으며, 그것을 방지하기 위해서는 어떠한 시설을 만들어야 적합하다는 식의 진단은 없는 듯하다. 잘못된 진단에 따른 잘못된 처방은 예산 낭비는 물론 내년에도 똑같은 위험이 동시다발적으로 반복될 수 있다.

새로운 정량적인 진단을 해보자. 문제의 근원은 빗물이다. 내려가는 빗물의 양인 유출량이 얼마나 되는지는 간단한 수문학 공식으로 나타난다. 즉, 유출량 (Q)은 유출계수(C)에 강우량(i)과 면적(A)을 곱한 값이다. 강수량(i)은 하루에 몇 mm, 또는 시간당 몇 mm로 할 때 사용되는 수치이고, 면적(A)은 비가 내리는 태양광시설의 면적(㎡)이다. 여기서 가장 중요한 것은 유출계수(C)로서 내린 빗물의 몇 %가 흘러내려가느냐의 수치다. 가령 잔디밭에서는 0.3 정도이고, 도로면에서는 0.7정도이다. 태양광과 같이 반질반질한 면은 유리면과 같아서 0.9 이상이 될 것이다. 유출계수 0.3인 잔디밭을 유출계수 0.9인 태양광 판넬로 덮으면, 유출량은 세배로 된다. 같은 비가 오더라도 유출계수가 높아져서 물난리가 난 것이다.

태양광 설치 이전에는 유출 빗물이 커다란 문제없이 수로나 작은 계곡을 타고, 하천으로 내려갔다. 하지만 태양광 설치 이후 발생한 더 큰 유출량에 대해서는 수로의 용량이 모자란다. 상류에서 하류로 내려가면서 줄줄이 모자라니, 내려가는 동안 가장 약한 곳이 터지는 것은 당연하다.

토양침식에 대한 이유도 간단하다. 운동량(P)은 질량(m)에 속도(v)를 곱한 값이다. 태양광 설치로 인하여 더 많은 질량의 빗물이 움직이니 운동량이 커져서, 이전에는 견딜 수 있었던 토사가 침식되고 하류로 내려가면서 배수로를 막거나 하천에 쌓이게 된다.

강우 강도가 높아서 피해를 본 것은 자연재해로 볼 수 있으나, 태양광을 덮어서 피해를 본 것은 당연히 태양광시설을 만들어서 생긴 인재이다.

해결책은 간단하다. 원인 제공자인 태양광시설을 만드는 측의 책임 하에 초과된 유출계수를 감안하여, 그만큼 잡아줄 수 있도록 빗물관리 시설(저장, 침투시설)을 함께 만드는 것이다. 작은 빗물저장시설을 여러 개 만들고 그것들을 서로 연계하여 사용하면 더욱 좋다. 빗물저장시설은 근처에서 다목적으로 사용할 수 있다. 즉, 홍수방지 뿐 아니라, 가뭄시 용수나 산불방지 용수로도 사용할 수 있다. 사용할 곳이 도저히 없다면 땅속으로 천천히 침투시켜 떨어진 지하수위를 채워주면 된다.

이러한 시설을 하는 논리에는 빗물관리 5계명이 딱 들어맞는다. 빗물은 돈이라는 생각을 하면서, 상류에서 받고, 흐트러서 받고, 다목적으로 이용하고, 원인제공자가 그 책임을 지도록 하는 것이다.

태양광도 빗물도 자연의 혜택이다. 그 혜택을 잘못 받아서, 오히려 재앙을 만든 셈이다. 자연의 축복을 충분히 누리려면 공학이론에 근거한 합리적인 설계와 적절한 예산의 투입이 필요하다.

호미로 막는 물관리

기후변화에 따라 국지성 집중호우, 가뭄, 산불, 상수원 오염, 지역 간 갈등 등 물 문제들이 점점 더 커질 전망이다. 이러한 문제들은 서로 실타래처럼 꼬여 있어 오랜 시간 많은 예산을 들여 노력을 해왔지만 해결의 기미는 보이지 않는다. 자연계 물순환의 이치를 살펴보면 실마리를 찾을 수 있다.

현재의 물 관리는 하천변을 중심으로 이수 또는 치수의 목적으로 대규모 집중형으로 이루어져 와서 우리나라가 빠르게 산업화 및 경제발전을 하는 데 큰 역할을 하여 왔다. 이러한 시스템은 비가 떨어진 지역(원인)을 관리하기보다는 한참을 흐른 다음에(결과) 관리하기 때문에 양과 질적인 면에서 종속적이고 피동적일 수밖에 없다. 비가 많이 올 때를 대비해야 하기 때문에 비가 적게 올 때는 비용과 효율면에서 불리하다.

비가 떨어진 바로 그 자리에서 관리하면 양과 질적으로 유리하다. 같은 양의 비가 오더라도 지붕에서 받으면 95%의 물을 받을 수 있는 반면, 하류에서는 증발 때문에 절반밖에 못 받는다. 이러한 관리의 세계적인 모범사례가 있다. 서울 광진구의 스타시티에는 3,000t짜리 빗물저장시설을 만들어 5만㎡ 면적의 부지에 떨어지는 강우량 100㎜까지 받아두어 주변의 홍수를 방지하고, 조경용수로 사용하고, 비상용수를 비치하고 있다.

유역 관리란 지역 전체에 떨어진 빗물을 버리는 대신 모으는 것이다. 지금의 하천과 제방 중심의 집중형의 선적(線的)인 관리의 안전도를 높이기 위하여 전체 유역에 떨어진 빗물을 분산해서 면적(面的)으로 관리하는 것이다. 빗물이 떨어진 그 자리에서 침투나 저류와 같은 우수유출저감시설을 만들면 수량과 수질의 조절이 쉬워져 하천에만 의존할 때보다 위험 요소를 분산시킬 수 있다. 이러한 물 관리는 레인시티에서 실현될 수 있다. 도시 전체의 지붕면, 도로, 공원, 산지, 논 등에서 빗물을 관리하는 것이다. 우선 도시나 지역을 (재)개발할 때 빗물을 모을 수 있도록 제도와 정책을 반영하면 도시의 물 자급률을 높이고, 기후변화에 강한 도시를 만들 수 있다. 이미 80개 이상의 시·군에서 빗물조례를 제정했고, 앞으로 그 숫자는 점점 더 많아질 예정이다. 레인시티는 물 문제를 풀어내는 실마리가 될 수 있다.

유역 전체에서 빗물을 관리하면 현재 물 관리 시스템의 취약성을 보완하여 주민들의 고통과 사회적 부담을 줄일 수 있다. 하늘이 공짜로 주신 선물을 최대한 받아서 사용하고 모자란 부분을 남에게 부탁하면 물에 의한 갈등도 줄일 수 있다. 이 땅에서 오랜 경험에서 얻어진 지혜를 우리 선조들은 속담으로 남겨 주셨다. '호미(전체면에서의 분산형 관리)로 막을 것을 가래(끝부분에서의 집중형 관리)로 막지 마라.'

⚓ '제2의 우면산' 사태 막으려면

최근에 서울 광화문과 강남역 일대가 물바다가 되고 우면산 산사태로 많은 인명과 재산 피해를 가져왔다. 수도 서울이 이처럼 무기력하게 피해를 당하는 걸 보면서 방재 시스템의 허술함을 절감하게 된다. 이번 폭우 사태의 피해 규모를 볼 때 정부나

자치단체가 제대로 대응했는지 의문이 든다. 1907년 기상관측이 시작된 이래 104년 만의 폭우라곤 하지만 하늘만 탓할 수는 없다. 7월 중 강수량이 500㎜를 초과하는 폭우는 기후변화가 우리에게 현실로 다가왔다는 점과 지금까지 해온 것과는 다른 수방대책을 세워야 한다는 점을 시사해준다.

이번 물난리 원인을 살펴보면, 우선 우면산의 경우 수백만년 동안 크고 작은 홍수나 태풍을 견디고 자연적으로 균형을 이루면서 빗물을 흘러내리며 물길을 만들어 왔을 것이다. 그러한 산에 등산길이나 주택, 주차장 등 여러 가지 개발이 진행됨에 따라 인위적으로 물길이 바뀌어 물이 갑자기 많이 흐르거나, 콘크리트나 아스팔트 면의 증가로 빗물의 유출량이 많아졌으리라 추측된다. 만약 개발의 영향으로 가장 상류에 있는 작은 수로에 많은 빗물이 들어와 용량이 부족하게 되면, 그 바로 밑의 수로부터 가장 하류의 수로까지 용량이 부족해져서 모든 계곡이 줄줄이 피해를 볼 수 있다. 이것은 개발할 때 물에 대한 적절한 처리를 하지 않아서 벌어지는 것이다. 적절한 처리란 개발 후의 유출량·침투량과 같은 물 상태를 개발 전과 동일하게 만드는 것이다. 따라서 우면산은 무분별한 개발에 따른 사고 대비를 등한시한 셈이다.

다음으로, 이전의 실패한 대책에서 살펴볼 수 있는데, 서울시에서는 광화문 일대가 침수되자 지하에 거대한 저류조를 만든다는 구상이 나왔었다. 그런데 이와 같은 대형시설은 만드는 데는 수년이 걸리고 비용도 엄청나게 든다. 매년 일어나는 폭우에 대비해 건설에 1년 이상 걸리는 시설로 대비하려 하면 완공될 때까지 무방비로 있어야 한다. 만약 폭우 발생 지역마다 대형시설을 만들어 준다면 천문학적인 세금을 감당할 수 없다. 혜택 못 받는 지역 주민들의 반발도 예상된다. 홍수 대비용 시설은 여름 한철만 사용한다. 넓은 면적에서 물을 모으기 때문에 더러워진 물이 모이게 된다. 그 물을 사용하려면 별도의 처리를 해야 한다. 또 지하 탱크에 모은 물을 다시 퍼 쓰기 위해서는 엄청난 에너지를 사용해야 한다. 광화문의 침수 원인은 북악산, 인왕산 등의 신규 개발지에서 내려온 빗물이다. 이 원인을 해소하기 위해서는 광화문 상류지역에 빗물 저금통을 많이 만들어 놓고, 작은 연못을 파서 빗물을 모아두도록 의무화하거나 비용의 일부를 지원해 주면 된다. 모아둔 빗물은 수자원이 된다. 이와 같은 방법은 지하 저류조를 만드는 것보다 훨씬 비용이 적게 들고 1년 내에 설치가 가능하다.

그렇다면 물난리가 더 이상 되풀이되지 않도록 하려면 어떻게 해야 할까. 무엇보다 재해 안전기준과 대응 시스템을 기후변화에 맞게 바꿔야 한다. 즉 빗물 관리 방법을 근본적으로 바꾸어야 한다. 지금까지 빗물을 관리해온 방법은 빗물을 빨리 버리는 것이다. 하류의 사람이야 어찌되든 말든 내 집 앞의 물을 모두 다 버리자는 마음과 행동과 제도가 이번의 물사태를 만든 것이다. 지금부터는 생각을 바꾸어 빗물을 모아야 한다. 집이나 도로를 만들 때에는 개발자가 추가로 발생하는 빗물을 책임져야 한다. 우리 선조들은 이와 같은 방법을 이미 실천해 왔다. 경복궁이나 대궐집을 지을 때에 만든 커다란 연못은 바로 이러한 빗물 관리를 실천한 것이라고 볼 수 있다. 빗물을 버리는 도시에서 빗물을 모으는 도시로 바꾸도록 법적·제도적 장치를 마련함으로써 기후변화에도 대비하고 물 부족도 해결해 재앙을 축복으로 만들 수 있다.

분산형 빗물관리란 새로운 것이 아
니고 우리 선조들이 논농사를 지으
면서 논에 물을 모으고, 곳곳에 둠
벙과 저수지를 파서 관리해오던 것
과 같은 개념이다.

가뭄

🌙 가뭄대비 수요관리 대책
2020-200

어느 철없는 가장이 있다. 연봉은 어느 정도 되지만, 자기나 가족들이 어디에 얼마나 지출하는지도 모르면서 매년 적자라고 우는 소리만 한다. 돈이 부족하면 지출을 줄일 생각부터 해야 하는데, 빌리거나 남의 것을 탐할 생각만 한다. 그러다가는 부모로부터 받은 유산은 다 쓰고 자녀에게는 빚만 남길 것이다. 이에 대한 대책은 현명한 어르신들은 잘 안다. 수입에 맞게, 돈을 절약해서 쓰고, 다른 수입원을 찾으며, 돈을 벌 때마다 빚을 갚아서 자녀들은 빚 없이 살도록 하는 것이다.

우리나라는 매년 봄이면 가뭄이 반복된다. 정부에서는 열심히 대책을 세우고 예산을 사용하는 데도 불구하고 매년 똑같은 문제가 반복된다면 문제의 근본원인을 모르고 있지 않느냐는 의

심이 든다. 우리나라 물 관리는 철없는 가장의 씀씀이와 같다. 연봉은 우리 땅에 일년 간 내린 빗물의 총량이며, 지출은 사람들이 사용한 물의 양이다. 지하수 수위가 내려간 것은 유산이 줄어든 셈이다. 현명한 어르신이라면 물을 적게 쓰고, 다른 수원도 찾아보라는 조언을 해줄 것이다.

우리나라 수자원 계획을 보면 일년 간 내린 빗물의 총량은 1,290억 톤이다. 이중 26%만 사용한다. 증발로 날아가는 양이 42%, 바다로 흘러가는 양이 32%이다. 내린 빗물의 2%만 받아써도 우리나라 물 연봉을 25억톤 늘릴 수 있다. 물 사용량을 줄이는 것이 비용대비 효과가 가장 좋으니 최우선적으로 해야 할 대안이다.

일 년간 사용한 물량을 인구수로 나눈 LPCD(일 인당 하루 물 사용량: Liter per Capita Day)는 물 관리에서 가장 기초적인 지표다. 가정은 물론 사무실, 학교, 욕탕, 공장에서 사용한 것을 합한 것이다. 현재 우리나라의 LPCD는 282ℓ이다. 선진국일수록 물을 현명하게 사용하여 이 수치가 점점 줄고 있는 추세이다. 특히 최근 가뭄을 심하게 겪은 호주의 주요도시들은 이전에 하루에 300ℓ씩 사용하던 것을 140ℓ로 절반이상 줄이고 있다. 물론 생활에 전혀 불편함을 느끼지 않는다. 절수기기와 절수정책을 슬기롭게 사용하면 달성할 수 있다는 것이 증명된 셈이다.

물 1톤을 절약하면 부가적으로 1.5kWh의 에너지를 절약할 수 있다. 이 수치는 물을 처리하여 상수로 공급하는 에너지와 하수를 모아 처리하는데 드는 에너지의 합이다. 홍수 때 미처리 하수가 강에 흘러가 수질을 오염시키는 것도 막을 수 있다.

우리나라 물관리 정책의 최우선 순위는 수요관리가 되어야 한다. 관리지표인 LPCD를 이용하여 목표연도와 목표 수치를 정해서 모든 국민과 정부가 합심해서 노력하여야 한다. 가령 5천만 인구가 현재의 282ℓ를 200ℓ로 줄이면 일년에 15억 톤의 상하수를 줄일 수 있다 (5천만×0.082×365=15억 톤). 이때 절약되는 전력의 양은 2,300GWh가 되니 에너지 절약에도 도움이 된다.

호주는 2000년대에 심각한 가뭄의 고통을 겪은 뒤에야 물 사용량을 절반으로 줄였다. 우리나라는 자발적으로 목표를 정해서 줄여나간 신기록을 만들어 보자. 정부의 올바른 정책과 IT기술을 접목시키면 가능하다. 정부에서 2020년까지 200ℓ로 줄이는 것을 목표로 물관리 정책을 펴고, 온 국민이 이것을 달성하는 노력을 한다면 그야말로 물 절약의 전 세계 금메달감이 될 것이다.

⚓ **도긴개긴 – 마른 소양댐과 적자 가계부**

가뭄이 심각하다. 소양댐의 바닥이 드러난 사진, 마른 논에 소방호스로 물을 주는 사진이 그 증거다. 매우 감성적이다. 냉철한 원인분석에 따른 이성적인 해결책은 나오지 않는다. 보이는 대책이라곤 500년 전에 한 것과 똑같은 기우제뿐이다. 우주여행도 하는 시대에 걸맞지 않는다. 공학과 과학으로 대처해야 한다.

도긴 개긴(소양강 댐의 수위 = 예금 통장의 잔고)이다. 가계부의 잔고(소양강 댐의 수위)가 바닥이 난 이유는 수입이(강수량) 줄고, 지출이(물소비량) 많기 때문이다. 올해만의 지출만이 아니고 과거부터 지금까지 많이 쓴 누적된 결과다. 해결책은 돈을 많이 벌든지, 돈을 적게 쓰는 것이다.

첫째, 돈을 많이 버는 것은 댐에 들어오는 물의 양을 늘리는 것이다. 그런데 '비가 안와서…'라고만 핑계를 돌리면 기우제를 지내는 것 외에는 할 일이 없다. 기후변화의 원인인 온실가스를 핑계대도 답은 없다. 전 지구가 협조하는 것은 불가능에 가깝고, 협조하더라도 단 시간내에 해결이 어렵다. 하지만 내린 빗물을 많이 모으고, 흘러가는 속도를 더디게 할 수는 있다. 예를 들어 홍수 때가 되면 팔당댐에서 물을 초당 1만 톤씩 방류해 2~3일간 잠수교가 잠기는 경우가 있다. 하루가 8만 6400초이니 하루에 8억 6,000만톤이다(1만 톤×하루 8만 6,400초). 홍수 때 수십억 톤의 물이 그대로 버려지는 것이다. 빗물을 강에 모으기보다는 강의 상류 전 지역에 걸쳐 작은 시설들을 만들어 놓고 일부는 땅속에 들어가고, 넘치는 양만 강으로 보내면, 홍수도 줄어들고, 가뭄 때 고생을 덜하게 된다.

국토교통부에서 세운 우리나라 수자원계획을 보면 떨어진 빗물의 26%만을 사용한다. 나머지는 손실량 42%와 바다로 흘러가는 양 32%이다. 현재의 빗물사용량을 5%만 올려서 31%로 만들면 비가 더 오지 않더라도 수입이 지금보다 20%포인트 더 많아진다. 빗물을 모으는 것은 규모가 작아서 저렴한 비용으로 쉽게 만들 수 있다. 검증된 기술도 있고 실적도 있다. 단지 정책만 잘 만들면 된다.

둘째, 지출을 줄이는 것이다. 생활용수, 공업용수, 농업용수 등 모든 용도에서 줄여야 한다. 그중 비용 대비 효과가 가장 큰 것부터 줄여야 한다. 가장 첫 번째의 목표는 집집마다 버티고 앉아 있는 '물먹는 하마'인 대부분 사용하고 있는 큰(12ℓ/회) 수세변기다. 이것을 초절수형 수세변기(4.5ℓ/회)로 바꾸든지 물을 전혀 안 쓰는 변기를 사용하면 가정용수의 20% 이상을 줄일 수 있다. 물론 주민들이 사용하는데 전혀 불편이 없는 기술을 사용해야 한다. 수세변기를 바꾸는 것에 대한 경제성은 충분히 있다. 특히 요즘 같은 가뭄철에는 수세변기에서 줄이는 양만큼 생명과도 같은 물을 추가적으로 확보할 수 있다. 법의 시행에도 맹점이 있다. 환경부 수도법에 절수하라는 내용은 있는데 용량만 제시하고 성능은 제시하지 않아 '무늬만 절수형'인 장치들이 많이 있다. 서울시를 비롯한 전국의 지자체에서 절수 조례를 만든 곳은 한 군데도 없다.

현재 정부와 각 지자체는 가뭄대책반을 가동해 가뭄 극복을 위해 많은 노력을 하고 있다. 하지만 그 방법은 과거 수십 년간 똑같다. 가계부 대책과 비교해 보자. 지하수를 퍼주는 관정개발은 자녀들이 학자금으로 쓰려고 모아놓은 적금을 가져다 쓰는 셈이다. 많이 떼를 쓰는 순서대로 농업용수를 퍼서 주는 것은 사치스러운 옷을 사달라고 떼쓰는 아이의 말을 듣고 자녀의 혼수비용을 퍼 쓰는 셈이다. 최고품질의 식수를 가져다가 수세변기로 버리는 것은 필요한 책과 교재를 사는 대신 비싼 요리를 사먹는 셈이다.

가뭄관리의 새로운 패러다임이 필요하다. 과거 가뭄의 고통과 경험, 예산투입에도 불구하고 속 시원한 답이 없는 이유는 잘못된 원인파악과 각 정부부처의 이기주의 때문이다. 홍수 정책을 하는 쪽은 빗물을 빨리 내버리는 시설을 만들려고 하고(번 돈을 흥청망청 다 쓰는 식), 가뭄 대책은(빗물을 다 버린 후) 없으면 지하수를 판다는 생각이다(규모 없이 쓰다가 없으면 적금 깨는 식). 지금처럼 사업비의 규모가 부처의 힘이라고 생각하는 분위기에서 정부에서 자발적으로 예산을 줄일 것을 기대하기는 어렵다.

대책은 컨트롤타워다. 개별 부처를 총괄하는 상위 기관이 종합적인 계획을 세워서 방향을 정하고 조정해야 한다. 국민의 안전이 최우선이므로 가뭄이나 홍수를 자연재난의 차원으로 종합적으로 생각하는 부서가 해야 한다. 이 부서에서는 빗물 모으기(수

입증대)와 절수(지출 억제) 정책을 조절해야 한다. 비상시 여러 종류의 용수 배분의 우선순위를 정하고, 각종 용도에서의 절수목표를 세우고, 국민의 눈높이에 맞춘 홍보와 교육을 실시하고, 시민들의 협조를 유도하는 등 새로운 패러다임의 물 관리를 제안하고 시행해야 한다. 그것을 위한 연구개발도 필요하다. 이것이 바로 항구적으로 소양강 댐의 수위를 확보하고 가뭄과 홍수에 대처하는 길이다. 또한 앞으로 다가올 기후변화에 선제적으로 대응하는 길이다.

🐟 가뭄-홍수, 물관리의 집단적 건망증을 없애려면

지난주 중부지방에 많이 내린 비로 인하여 팔당댐에서는 초당 3,500톤의 빗물을 버리고 있다는 뉴스가 나왔다. 댐에서 수문을 열 때 물보라가 치는 장관을 보여주기도 하고, 잠수교의 수위가 올라가면 교통 통제를 걱정하기도 한다.

하지만 그 물을 왜 버려야 하는지, 얼마나 버리고 있는지, 금액으로 환산하면 얼마인지에 대해서는 아무도 이야기 하지 않는다. 바로 전 주에는 가뭄에 엄청나게 애를 태워 기다리던 금쪽같은 물인데 말이다. 이것은 우리 사회의 물 관리 정책과 습관에 엄청난 집단적 건망증이 있다는 것을 말해준다.

초당 방류량(3500톤/초)에 하루 8만 6,400초(60초×60분×24시간)를 곱하면 하루에 3억 톤의 빗물을 버리는 셈이다. 수돗물 값으로 환산하면 매일 3천억 원이다. 이러한 방류를 열흘쯤 한다면 9억 톤의 물, 3조원어치를 내다 버리는 셈이다. 그렇게 다 버리고 나서는 내년 봄에는 또 가뭄 타령을 할 것이다. 왜 아까운 빗물을 팔당댐에서 버리고 있는가 팔당댐 수위를 높이면 되지만 그러지 못하는 이유는 상류유역이 침수되거나 댐이 터질 것 같아서다.

바로 전날 비가 와서 물로 가득 채워진 댐에, 또 다시 많은 비가 오면 댐의 관리자는 진퇴양난이다. 수문을 열면 하류가, 수문을 안 열면 상류가 침수되기 때문이다. 만약 수문을 열어 빗물을 버렸다가 그 다음 비가 안 오면 낭패가 된다. 이때는 하늘만 쳐다보고 운에 맡기는 수밖에 없다. 이것은 도시의 빗물펌프장의 운전도 마찬가지이다. 지금껏 그런 일이 안 일어난 것은 다행히 하늘이 도와주었기 때문이다.

상식적으로 생각해보면 일반시민이나 초등학생들도 이러한 정책에 동의하지 못할 것이다. 그토록 애타게 내려달라고 빌던 하늘의 선물인 빗물을 내려 주었더니, 그 아까운 빗물을 버려야만 하는가?

그것은 하천 주변에 만든 댐의 물주머니가 작기 때문이다. 만약 하천주위에 큰 주머니를 만들 수 없다면, 유역 전체에 걸쳐 작은 주머니를 값싸게 많이 만들면 되지 않는가. 또는 빗물이 한꺼번에 내려와서 그렇다면, 천천히 나오도록 하면 될 것이 아닌가. 우리나라 전체 국토에 각 지역의 특성에 따라 빗물을 모으도록 하면 된다. 즉, 논과 같이 턱을 두어 넓은 지역에 떨어지는 빗물이 잠시 고여 있도록 하고, 작은 둠벙이나 자연 친화적 저류지를 만들고, 지붕면이 넓은 관공서나 학교, 비닐하우스 등에서 빗물을 받도록 하고, 하천에서 물이 천천히 나가도록 만들면 팔당 댐의 몇 배 이상의 부피를 담을 주머니를 쉽게 만들 수 있다. 이러한 작업들은 지역주민들의 실력과 자본으로 훨씬 더 잘 만들 수 있기 때문에 지역경제 창출에도 도움이 된다

우리나라의 수자원장기종합계획에 의하면 우리나라는 2030년에 8억톤의 물이 부족하다는 전망을 한다. 한강유역의 팔당에서 최근 3일 동안 버린 빗물의 양이 9억톤이라는 것을 보면 그 정도 모으는 것은 어렵지 않다. 우리나라의 모든 강에서 버리는 빗물만 하루만 잡으면 우리나라는 물 부족국가가 아니라는 결론이다. 환경부의 물재이용 촉진법에는 공공기관에서 빗물을 모으도록 법에 만들어져 있지만 잘 지켜지지 않고 있으며, 만들어 놓고도 운전되고 있지 않는 시설들이 대부분이다. 우리나라의 물 문제를 해결하려면 물 관리의 패러다임을 바꾸어야 한다.

첫째, 홍수뿐 아니라 가뭄도 함께 대비하는 것이다. 이를 위해서는 비가 올 때 빨리 버리는 생각과 정책에서부터, 빗물을 떨

어진 자리에 모아서 천천히 내려가도록 하는 것이다. 둘째, 물을 선(線)으로 이루어진 하천에서만 관리하는 것이 아니라, 국토의 전체 면(面)에서 모아 고르게 관리하는 것이다.

전 국민이 따라서 하도록 유도하려면 정부부처에서부터 법을 지키면서 모범사례를 만들면서 솔선수범해야 한다. 그래야만 가뭄-홍수가 반복되는 집단적 건망증을 없앨 수 있다.

효율적 빗물관리로 가뭄에 대비

전국이 가뭄에 단비만을 기다리고 있다. 도시처럼 많은 돈을 들여 관정을 파지 않은 시골에서 빗물 하나에 의지해 농작물이 잘 자라는 것을 보면 빗물은 곧 돈이다. 빗물은 공짜로 떨어지는 가장 깨끗한 물로 사람과 환경을 살찌운다. 하지만 지난해 여름 내린 소중한 빗물을 우리는 어떻게 대했나? 우리나라의 물관리 정책은 빗물을 '쓰레기보다도 못한 것'으로 생각하고 버리는 쪽에 초점이 맞춰졌다. 그 결과 많은 비를 활용하지 않고 제방만 높이는 등 '돈을 들여 돈(빗물)을 버리는 정책'을 벌여왔다. 지금이라도 빗물 관리의 패러다임을 바꾸지 않으면 아무리 돈을 퍼부어도 불안한 것은 마찬가지이다.

물 문제는 상식에 맞춰 생각을 바꾸면 뜻밖에 쉽게 풀 수 있다. 먼저 계절별로 쏠림이 있는 빗물의 시간적 불균형을 없애기 위해 빗물을 모아두면 된다. 일종의 저축이다. 두번째는 하천 근처에 커다란 시설(집중형)을 만들기보다는 유역 전체에 작은 시설(분산형)을 많이 만드는 것이다. 재테크의 분산투자처럼 계란을 한바구니에 담지 않고 분산하는 식이다. 세번째로 홍수만을 대비한 시설을 만들기보다는 홍수와 물 부족을 동시에 해결할 수 있는 다목적 시설을 만들어야 한다. 빗물펌프장이나 대심도 저류조 등의 시설은 1년에 폭우가 쏟아지는 며칠만 사용하지만, 다목적 시설은 1년 내내 사용한다. 마지막으로 돈이 많이 드는 인공 구조물을 만들기보다는 비용이 적게 드는 자연친화적인 방법을 써야 한다. 과거 경복궁에 있는 큰 연못은 홍수 방지와 지하수 보충, 비상용수 등으로 사용됐다. 생각보다 큰돈이 들지도 않는다.

서울 광진구의 한 아파트에는 3,000t짜리 빗물저장시설이 있다. 계획 당시 용적률 인센티브를 줘 세금 한 푼 안 들이고도 훌륭한 홍수방지시설이 만들어졌다. 모아둔 빗물로 훌륭한 조경을 즐기면서도 가구마다 한 달 200원 정도의 물값만 내고 있다. 갑작스러운 단수 등 비상시에도 혼란을 줄일 수 있다. '돈 안 들이고 돈 버는 정책'이다

정부에서 머리를 잘 써서 정책만 잘 만들면 기존 시가지에도 돈 안 들이고 홍수와 가뭄에 대비할 수 있다. 구역마다 빗물관리 목표를 정해 기술적·재정적 지원을 해주면 된다. 빗물저장시설을

도시의 예술품으로 만드는 것도 생각해 볼 수 있다. 삶의 질을 높이고 안전을 보장하게 하는데 마다할 주민은 없다.

걸림돌은 무엇인가 정부 조직상의 문제이다. 홍수를 방지하는 부처는 홍수만, 물 부족을 생각하는 부처는 물 부족만 생각하고 예산을 따로 집행한다. 그 결과 시민들은 세금을 여러 번 내지만 불안하다.

대안은 무엇인가 지역의 물 문제는 지자체가 가장 잘 안다. 지자체장의 책임하에 빗물 관리를 하도록 법과 조례를 제정하고 지역의 특색에 맞게 집행할 수 있도록 권한과 예산을 주자. 정부는 정책과 기술을 개발하고 재정을 지원하면 된다.

이렇게 하면 빗물을 버리는 대신 빗물을 모으는 지역별 맞춤형 정책이 개발되고 비용을 적게 들이고도 홍수피해 방지는 물론 돈까지도 벌 수 있는 레인시티(rain city)도 만들 수 있다.

폭염과 화재

🌙 폭염 잡는 빗물 모아서 필요할 때 쓰자

이번 여름은 폭염에 의해 기록적인 무더위가 계속돼 잠을 설친 날이 많았다.

냉방용 전력수요가 많아 전력수급에 비상이 걸리고, 연일 피크치를 갱신하기도 했다. 최근 몇 년간의 자료를 보면 폭염이 증가하는 추세를 보인다. 기후변화의 영향인지 전 세계적으로도 폭염 때문에 사망자가 속출한다는 뉴스도 있었다.

돈 있는 사람이야 냉방을 해 시원하게 살 수 있지만 그럴수록 도시는 더욱 더워진다. 나 하나 시원하게 하기 위해 남을 덥게 만드는 셈이다.

일본에는 우찌미즈라는 전통이 있다. 더운 여름에 마을 사람들이 어른 아이 할 것 없이 모두 나와 같은 시간에 바가지나 물동이를 이용해 도로에다 물을 뿌리는 것이다.

이를 전후해 기온을 재면 순식간에 3℃정도 낮아진다. 마을 사람 모두 다 조금씩 힘을 보태 마을 전체가 일시적으로 더위의 피크를 줄이는 아름다운 전통이다.

파주의 한 축산농가에서 빗물을 모아 우사의 지붕에 뿌려 주니 축사 내 온도가 2℃정도 낮아진다고 한다. 쾌적한 기온에서 병도 덜 걸리고 생산성도 높아진다는 것이 농장 주인의 말이다.

이를 공장에도 적용할 수 있다. 공장의 특성상 넓은 지붕이 있게 마련인데, 한여름에 공장 전체를 냉방하기는 어려워서 공장의 작업환경은 열악해 진다.

여름에 비를 받아 저장한 뒤 주기적으로 지붕에 빗물을 뿌려 주면 돈을 안 들이고도 공장 내부의 온도를 낮출 수 있다. 지붕에 뿌려진 물은 다시 홈통을 타고 빗물저장조로 모여지고 밤 새 식혀 다음 날 다시 사용할 수 있다.

더운 날 소나기라도 한바탕 오면 시원해지듯 도시에서도 물을 뿌려 마찬가지 효과를 만들 수 있다. 하지만 수돗물은 비싸고 하수처리수는 심미적 거부감이 있다.

지하수는 에너지 문제나 지하수위 하강 때문에 적절한 대안은 안 된다. 그런데 하늘에서 떨어진 빗물은 비용면에서나 심미적·환경적인 측면에서 아무 문제가 없다.

게다가 빗물을 모아두면 홍수 조절 효과도 있으니 1석 3조의 역할을 한다. 냉방에너지를 줄이고 생산성을 높일 수 있으니 이것

돈을 들여 돈(빗물)을 버리는 시설을 만드는 정책은 가뭄을 부추긴다. 빗물관리의 패러다임을 바꾸지 않으면 아무리 돈을 들여도 가뭄을 해결하지 못한다.

이야말로 저탄소 녹색성장의 정책에 딱 들어맞는 방법이다. 우리 나라의 기후특성상 더운 여름에 비가 많이 온다. 모은 비를 뿌려 열을 식히는데 가장 좋은 조건을 가지고 있다. 추운 겨울에 비가 오는 중동과 같은 나라에 비교하면 천혜의 혜택을 받은 셈이다.

내년에 닥칠 폭염과 그에 따른 사회적 혼란과 불편을 대비하 기 위한 정책을 제안 한다.

올해 가장 더웠던 도시의 어느 한 구역을 대상으로 빗물로 열 섬현상을 해소하는 시범사업을 하는 것이다. 빗물을 모아 주기적 으로 도로나 지붕에 물을 뿌리고 계류를 만들고 땅 속에 침투시 킨 뒤 천천히 증발시켜 빗물이 갖고 있는 열적 특성을 충분히 활 용하여 시원한 거리를 만드는 것이다. 이 방법으로 빈부에 관계없 이, 심지어는 동·식물들조차도 누구 하나 손해 보지 않는 모두가 행복한 정책이 실현될 수 있다.

이러한 운전 및 모니터링 자료를 이용해 도시의 열섬현상을 해소하는 창의적인 시스템을 개발하자. 이를 도시계획에 반영하 고 제도적으로 뒷받침을 하자. 그리고 이 기술을 폭염으로 고통 을 받는 다른 나라에 전파하자. 그렇다면 우리나라의 우수한 기 후변화 적응 실력과 아름다운 마음씨를 전파해 줌은 물론 새로 운 일자리도 창출될 것이다.

🐦 서울대의 물-에너지- 식량이 연계된 옥상

건물의 옥상은 대개 쓸모없는 버려진 공간으로만 생각되어 왔다. 도시 내 대표적인 불투수 공간인 건물 옥상은 비가 오면 그대로 흘려 내보내 도시침수를 일으키고, 땅으로 침투되는 빗물의 양을 줄어들게 하고, 또한 건물의 복사열로 인하여 도시의 열섬현상의 원인이 된다. 또한 그만큼 경작지가 감소된다. 건물을 만든 사람은 물-에너지-식량에 대한 사회적 책임을 다시금 심각하게 고려해 보아야 할 때이다.

다르게 보면 옥상이란 하늘이 주신 태양 에너지, 빗물 등이 가장 먼저 인간에게 도달되는 축복된 장소이다. 하늘이 주신 에너지와 물을 잘 활용하면 새로운 녹지공간을 창출할 수 있고, 모두가 행복한 공간으로 만들어 나갈 수 있다. 이러한 옥상의 진화 과정을 서울대에서 볼 수 있다.

관악산에 올라가서 서울대를 내려다보면 대부분의 건물 옥상에는 냉방기의 실외기만 덩그러니 올려져 있다. 한 여름 낮에는 옥상면이 태양열을 받아 뜨거워져서 60℃까지 상승해 맨발로 올라가면 발이 데일 정도이다. 캠퍼스의 220개 건물 전체의 꼭대기가 모두 60℃로 달궈진 불판으로 바뀌어 관악산 계곡 전체가 더워진다. 냉방을 하면 건물의 내부는 시원해지지만, 그만큼 에너지를 방출하기 때문에 주위는 더욱 더워져서 열섬현상을 부채질한다.

이를 개선하기 위하여 옥상을 하얀색으로 칠하면 햇빛을 반사하여 적은 비용으로 옥상의 온도를 낮출 수 있지만, 그 복사열은 다시 서울시 상공의 대기를 덥힌다. 그리고 물과 식량 등 사회적 책임을 위한 역할은 기대할 수 없다.

서울대학교 공과대학 32동 옥상 한켠에 태양광 패널이 설치되어 있다. 여기서 생산되는 에너지는 일년 간 ㎡당 150~200kW이다. 하지만 이 옥상에서도 물과 식량에 대한 책임은 지지 못한다. 또한, 관악산 위에서 내려다 보았을 때로 주변 경관과도 조화롭지 못하다. 사람이 접근하지 못하는 죽은 공간이 된 셈이다.

35동에는 스스로 빗물을 저류하는 방식의 오목형 옥상녹화가 설치되어 있다. 전체 옥상면적 2,000㎡ 중 840㎡의 옥상에 꽃밭과 텃밭, 그리고 연못을 만들었다. 옥상위에 떨어지는 빗물은 저류판에 저장되어 홍수를 방지한다. 저류된 빗물은 수자원으로 활용하여 별도로 수돗물을 주지 않아도 된다. 꽃밭은 전혀 유지관리를 하지 않아도 4계절 아름다운 모양을 연출해낸다. 텃밭은 교수, 학생, 지역주민이 함께 가꾸면서 소통의 공간이 된다. 공동텃밭에서는 감자도 수확하고, 배추도 길러서 김치를 담궈 지역의 어려운 분들에게 나누어 주기도 한다.

연못에는 물고기가 자라서 찾아오는 사람들을 반긴다. 덕분에 가장 꼭대기인 5층은 단열효과와 기화열 덕분에 보통의 건물보다 여름에는 3℃가 시원하고, 겨울에는 3℃가 따뜻하다. 다만 요즘같이 더울 때 피할 그늘이 없다는 것이 단점이라 하겠다. 이처럼 35동의 옥상은 하류에 홍수피해를 주지 않으므로 하류의 사람이 행복하고, 식량을 생산하니 건물에 있는 사람이 행복하고, 열섬현상을 줄여주니 도시 전체가 행복하다.

35동의 옥상 프로젝트는 물-에너지-식량을 서로 연계하고 지역주민과 소통하는 '일석사조'의 역할로 미래형 물관리 모델로서 최근 국제적인 상을 두 번이나 수상했다.

최근 공과대학 34동의 신축공사가 한창이다. 34동 건물 옥상에 더욱 효과가 발휘하도록 만들어 보자. 일부 면적은 태양광을 설치하여 에너지를 생산하고, 일부는 꽃밭과 텃밭을 만든다. 태양광 패널에 떨어지는 빗물은 깨끗하므로 별도의 처리 없이 통에 모아서 옥상녹화나 연못에 물을 공급할 수 있다. 태양광 패널의 높이를 보통의 시설보다 1m만 높인다면, 그 밑에 식물을 키우기도 하고, 휴식공간으로 만들 수 있다. 특히 태양광 패널 세척 시 빗물을 이용하면 염소가 섞인 수돗물보다 더 효율적이다. 이렇게 하면 물-에너지-식량은 물론 에너지생산, 공간의 효율적 활용, 구성원의 소통 등이 이루어지는 '일석육조'의 효과를 얻을 수 있다.

이렇게 34동 옥상이 완성되면 서울시의 물순환 건전화, 푸른 도시 만들기, 원전하나 줄이기 등의 정책에도 도움이 되는 모두가 행복한 옥상의 모델이 될 것이다. 물, 빛 그리고 풀을 그대로 활용하여 우리 삶에 도움을 주는 옥상은 미래형 도시의 모델로서 다시한번 세계의 주목을 받을 수 있을 것이다.

관악산에 올라가서 서울대에 있는 많은 옥상들을 보자. 그리고 새로운 모델이 적용된 옥상을 상상해 보자. 태양광과 녹화가 적절히 조화된 옥상은 관악산으로 과도한 열에너지를 방출하지 않을뿐더러 조화로운 경관을 창출해 낼 것이다. 또한 건물의 구성원은 물-에너지-식량에 대한 사회적 책임을 다한다는 자부심을 가지게 되고, 구성원들 간 그리고 이웃 간의 소통의 장도 만들 수 있다. 이러한 새로운 패러다임의 태양광-녹화 옥상이 서울시는 물론 전국에 전파되기를 희망한다.

🐦 불 나면 우리 건물의 빗물로 끄세요

해운대 대형빌딩에서 화재가 발생해 큰 피해를 입었다. 화재는 그 특성상 언제 어디서 발생할지 모르는 것이 게릴라와 같다. 특히 도시가 오래되고 복잡해질수록 화재 발생의 위험이 더욱 커지고, 피해규모 또한 어마어마하다. 이러한 화재 발생 예방책을 '게릴라 퇴치 작전'에서 배워보자 즉, 각 지역마다 스스로 방어체계를 갖추는 것이다.

이번 해운대 화재 진압 시 아쉬운 점은 물의 조달방법이었다. 건물이나 산과 같이 높은 곳의 불을 끄기 위해서는 소방 헬기의 역할이 매우 크다. 그런데 이 헬기가 가지고 오는 물의 양은 1회에 5톤 정도 밖에 안 된다.

소방 헬기가 한번 물을 뿌리고 그 다음 헬기가 오는 시간 동안 불은 더욱 크게 번진다. 헬기에만 의존하게 되면 초등진화에 매우 취약해진다. 만약 건물 중간이나 산 중턱에 빗물 탱크가 있었다면 화재초기에 쉽게 불을 끌 수 있었을 것이다.

골목에서 불이 났을 때도 소방차 진입이 어려워 제 때 불을 진압하지 못해 더 크게 번질 수 있다. 빈 소방차를 수돗물로 채우는 시간과 오는 시간 동안 불은 더 크게 번질 수 있다.

화재 진압 시 물 공급을 소방시스템에만 의존하는 것은 이와 같이 취약한 부분이 있으며 보다 효율적인 개선이 필요하다. 게릴라에 대한 대응방식처럼 현지에서 물 조달체계를 갖춰 보완하는 것을 생각하자.

소방행정의 평가방법으로 소방차가 현장에 출동할 때까지 걸리는 시간을 이용한다. 사고의 원인 파악이나 초등진화가 중요하기 때문이다. 하지만 빨리 온다고 불을 잘 끈다는 보장은 없다. 가지고 올 수 있는 물의 양에 달렸기 때문이다.

따라서 소방행정의 평가방법에 초기에 뿌릴수 있는 물의 양을 추가해야 한다. 같은 10톤의 물이라도 화재발생 초기 10분 안에 뿌려진 것과 한 시간 안에 뿌려진 것은 피해 정도가 엄청나게 다르기 때문이다.

예방 차원에서도 어느 지역에 불이 났을 때 초기 10분 동안 조달할 수 있는 물의 양으로 평가하고, 그에 대한 지도를 만들어 관리하자.

서울 자양동 주상복합건물의 지하 4층에는 3,000톤짜리 빗물탱크가 만들어져 있다. 1,000톤짜리 3개로, 각각 홍수 대비용과 수자원 확보용, 비상용으로 나뉘어 있다. 10톤짜리 소방차 100대분의 소방용수가 항상 저장돼 있는 것이다. 지하탱크에서 지상의 도로 옆의 밸브까지 200㎜관을 연결해 누구나 펌프만 연결하면 쉽게 사용할 수 있다.

만약 건물 근처에서 불이 났을 때 빗물탱크에 있는 1,000톤의 물로 초등진화에 성공한다면, 수돗물 값의 1,000배가 되는 돈을 내더라도 아깝지 않을 것이다. 화재 시 동원된 물에 대한 적절한 가격만 책정한다면 시민들의 자발적이고 적극적인 협조도 가능하다.

마침 환경부에서 물재이용법에 건물마다 빗물이용시설을 갖추도록 규정해 놓았다. 만약 환경부와 소방방재청이 협조만 한다면 건물의 빗물이용시설에서 물도 절약하고 화재도 예방하는 다목적 시스템을 만들 수 있다. 분산돼 있는 소방용수시설의 물 확보량을 실시간으로 파악해 관리하는 새로운 패러다임의 광역방재시스템을 만들어야 한다.

불을 잡는 것은 물이다. 그 물을 얼마나 빨리 조달할 수 있는 능력을 소방의 새로운 목표로 추가해야 한다. 지역 단위로 불이 났을 때 소방용수에서 자급할 수 있는 물의 양과 초기 조달 가능한 물의 양에 따라 소방취약지역을 결정하고 그에 대한 집중투자나 인센티브를 준다면 국가 전체가 소방에 안전할 수 있는 시스템이 갖춰질 것이다. 부가적으로 홍수와 물 부족에 있어서도 어느 정도 대비할 수 있다.

앞으로는 불이 났을 때 소방대원이나 주민들이 주위에 있는 건물의 빗물탱크에서 물을 사용하여 빨리 진화할 것을 기대한다. "불나면 우리 건물의 빗물로 끄세요!"하면서 주민들의 자발적인 협조가 가능할 것이다. 무엇보다 주민들은 건물의 빗물탱크에 채워져 있는 소방용수의 양을 확인하면서 마치 주머니 안쪽에 들어 있는 비상금처럼 든든하다고 느낄 것이다.

🌱 산불방지를 위한 물과 불의 조화

봄의 단골 불청객 중 하나는 산불이다. 산불로 애써 가꾼 산림이 타서 없어지면 엄청난 경제적 피해가 생기거나 인명피해가 발생한다. 수백 년 지켜온 사찰 등 문화재가 타면 돈으로 환산할 수 없는 엄청난 정신적 피해가 발생한다.

정부는 그동안 나름대로 최선의 대책을 세워왔다. 그러나 많은 예산을 투자해도 산불 피해가 매년 반복된다면 대처방식에 근본적인 문제가 있는 것은 아닌지 검토해볼 필요가 있다. 재해 방지를 위한 패러다임을 바꿀 필요가 있다.

봄에 산불이 많이 나는 이유는 간단하다. 가을, 겨울의 강수량이 적으니 땅이 건조하고 불이 나도 주위에 화재를 진압할 물이 없기 때문이다. 강수량이 적은 것은 자연의 소관이지만 주위에 물을 비축하는 것은 사람이 할 수 있다.

불은 작은 불씨로부터 시작한다. 발화 초기에 진화한다면 많은 물이 필요하지 않으며 전문가나 고가의 대형 장비는 없어도 된다. 즉, 불이 난 인근 지역에 물이 있다면 초동진화에 많은 도움이 될 것이다.

불을 끄는 것은 물이다. 따라서 불관리와 물관리는 동시에 이뤄져야 하다. 즉 자체적으로 분산화된 물관리 시스템을 도입하는 것이다. 산 중턱에 빗물이나 계곡수로 저류조를 만들어놓은 다음 비상시에 위치에너지를 이용해 무동력으로 물을 대 불을 끄도록 하는 것이다.

서울대학교의 관악산 계곡에 5톤, 10톤짜리 플라스틱 빗물저장조를 설치해 2년 동안 관찰했다. 겨울에는 얼지만 신축성이 있어 터지지 않는다. 공기와 접하지 않으니 뙤약볕에서 여름을 지내도 수질에는 전혀 지장이 없다.

물을 채운 후의 높이가 75cm 정도 되니 약간만 땅을 파고 묻어두면 동결과 수질문제 그리고 플라스틱의 손상문제를 해결할 수 있다. 둘둘 말아서 배낭에 지고 올라가 적절한 곳에 설치하면 되니 시공도 간단하다. 가격도 매우 저렴하다. 이 용량과 가격은 소방헬기의 운반용량 3톤과 비교하면 너무도 싸다.

이 물은 봄이 지난 후에는 환경정화용이나 청소용 등으로도 사용될 수 있고 가뭄에 대비하기 위한 비상용수로도 활용이 가능하다. 이를 확대해 산간지역 전체에 빗물탱크를 설치하자. 민가나 전략적으로 중요한 곳, 또는 상습발화지점에는 조금 더 많이 설치하고, 조금 덜 중요한 곳은 적게 설치하면 된다.

여기에 첨단 기술을 접목시키자. 즉, 지역 내 모든 빗물탱크의 현재 수위를 실시간으로 파악하고 관리하는 시스템을 설치하면 지역주민은 물론 중앙부서 모두가 현재 물탱크에 물이 얼마나 있는지를 파악하고 그에 따라 적절히 대응할 수 있다.

현재의 집중형 불관리 시스템에 새로운 패러다임을 도입해 분산형 시스템으로 보완하면 최대한의 효과를 낼 수 있다. 그리고 이것을 물관리 시스템과 연계해 활용한다면 더욱 큰 시너지효과를 기대할 수 있다.

물과 불에 대한 비상금을 동시에 가지는 것과 마찬가지인 셈이다. 산불이 난 후에 허둥지둥 장비 구입과 예산집행에 나서기보다는 미리 돈을 투입해 예방 차원의 시설을 지역주민들이 자발적으로 설치하도록 하는 시범사업을 정부에 제안한다.

그리고 그 성과를 보아 전국에 확대하자. 설치와 유지관리를 위한 지역주민의 일거리 창출도 가능하다. 또 성공하면 산불 방지를 위한 좋은 모델로서 첨단 관리기술을 수출할 수도 있을 것이다.

🐦 산불재해 복구와 예방에 다목적 유역 물관리를 도입하자

2019년 4월 강원도 고성군 등에 발생한 대형 산불은 임야 17,570ha을 태우고 천여 명의 이재민을 만들었다. 소방당국과 군의 발 빠른 대응으로 더 큰 피해가 생기지 않아 다행이다. 관계하신 분들의 영웅적인 헌신과 노력에 경의를 표한다.

여름 장마 때 산불이 난 지역에 엎친 데 덮친 격으로 물과 관련된 재앙이 올 것이 예상된다. 물을 머금는 댐 역할을 하는 나무가 불에 타 사라지면서 댐이 없는 것과 같이 되었기 때문이다. 산불이 난 지형에서는 유출계수가 높아져서 같은 양의 비가 오더라도 빗물은 두배 이상 많이 내려가게 되어 기존에 있던 수로나 하천 등 하류의 시설은 넘치게 된다. 또한 흘러가는 유량이 많아지면 운동에너지도 커져서 토양이 침식 되고, 그 결과 유실된 토사는 하천과 바다의 생태계에 나쁜 영향을 준다. 나무가 사라져 식물의 증발산이 줄어들면 태양열에 의해 온도가 올라간다. 그러면 다시 건조해지는 악순환이 반복된다. 겨울에는 지하수량은 적어지고, 그 물을 공급받지 못한 하천은 유량이 적어진다. 매년 봄 가뭄이 반복 되는 이유다.

봄마다 발생하는 산불의 원인이 땅이 건조하기 때문이라면 미리 막을 수 있다. 만약 숲의 여기저기에 웅덩이를 만들어 빗물로 땅을 촉촉하게 만들거나, 계곡 주위에 물을 저장해 놓았거나, 문화재 등 주요 거점의 윗부분에 빗물을 받아서 모아 두었다면, 빨리 불을 끄든지 불이 번지지 않게 할 수 있다. 우리나라의 1년 평균 강수량은 1,300㎜로서 산지 전역을 1.3미터의 수영장으로 만들 수 있는 많은 양이다. 이 빗물을 잘 이용하면 산불을 예방하고, 홍수를 방지하고 하천의 건천화를 막을 수 있다.

불을 끄는 것은 물이다. 그러므로 앞으로 산불 피해복구나 산불예방을 위한 정책을 펴고 시설을 만들 때 불과 물을 동시에 고려한 선제적 대책을 마련하는 것이 현명하다.

2011년 슬로바키아에 산지의 빗물을 모아 망가진 생태계를 복원한 사례가 있다. 홍수와 하천의 건천화를 대비하기 위해 산의 윗부분부터 나무나 돌로 계곡을 듬성듬성 막아서 빗물이 걸려서 빨리 내려가지 못하고 저류되는 시설을 만들었다. 또한 계곡에 자연경관과 조화되도록 흙을 파고 쌓아서 많은 웅덩이들을 만들었다. 우리나라 시골의 둠벙 같은 개념이다. 웅덩이 한 개당 300~500톤 정도의 규모인데 공사비는 톤당 3,000원이 들었으며, 별도의 유지관리비가 들지 않는다. 계곡 하나에 이런 둠벙 20~30

개를 만들면 쉽게 수천 톤의 댐이 만들어진다. 산지의 경사면에도 주위 경관과 어울리게 빗물을 저류하는 3~5톤짜리 웅덩이를 많이 만들 수 있다. 이러한 시설의 장점은 복잡하거나 위험하지 않아서 지역주민들의 일거리가 만들어진다는 것이다. 이 사업의 결과 이 지역에서 상습홍수는 사라지고, 생태계가 살아나고, 지하수위가 복원되었다.

우리나라에도 최근에 노원구의 천수농원에서 실제로 이러한 소규모 시설을 만들어 보았다. 산에 쓰러진 나무를 엮어서 계곡에 설치하니 13톤 규모의 작은 빗물저류시설이 만들어 진다. 또한 경사면에 등고선을 따라 50cm 정도 깊이로 길게 파 놓았더니 얕은 참호 형태로 되고, 거기에 5톤가량의 빗물을 저류해서 홍수를 방지하고, 지하수를 보충해주고 땅을 촉촉하게 해준다. 땅을 파는 공사로 20톤 규모의 빗물연못도 만들었다. 일주일 만에 지역주민과 여학생들의 힘으로 쉽게, 적은 비용으로 만들 수 있다는 것을 보여주었다.

2018년 5월 제정된 물관리 일원화와 물관리 기본법의 실행에 따라 여러 가지의 새로운 패러다임의 물관리가 논의되고 있다. 그중 하나는 지금까지 생각해왔던 '하천과 그 이후 상하수도의 물'을 넘어 '하천 이전의 물'까지 포함해서 관리하는 유역물관리다.

단지 불탄 나무를 치우고, 새로 나무를 심는 기존의 산불복구 패러다임으로는 앞으로 다시 불이 나거나 홍수가 나는 것을 막을 수가 없다. 이번부터 새로운 패러다임의 물과 불의 관리를 통합한 산불방지 시설을 만들도록 하자. 즉, 산불피해지역을 복구할 때 산지 전역에 걸쳐서 소규모 분산형의 저비용 빗물저류 시설을 많이 만드는 것이다. 그 지역을 잘 알고, 애착을 가지고 있는 주민들이 힘을 합하여 스스로 복구하면 지역의 일자리도 만들면서, 지역에 잘 어울리는 시설들을 만들 수 있다. 그러면 매년 봄 걱정하는 건조주의보와 산불을 항구적으로 막을 수 있다.

유역물관리란 유역 전체의 모든 물(빗물도 포함하여)을 유역 사람 모두의 책임 하에 유역주민 모두가 좋아할 물관리를 하는 것이다. 이러한 새로운 패러다임의 유역물관리가 불의 관리까지도 좋은 영향을 주어, 산불피해 복구 및 예방을 하게되면 다른 사회적 갈등도 해결하는 실마리 역할을 할 수 있을 것이다.

⚓ '끓는 철판도시' 옥상녹화로 식히자

서울이 끓는 철판이 됐다. 지난 15일까지 서울의 8월 평균 기온은 29.7℃였다. 기상청이 1907년 관측을 시작한 이래 가장 높은 수치라 한다. 역사적 폭염으로 기록된 1994년의 같은 기간과 비교해도 0.3℃가 높단다.

8월초 서울대 강연자로 초청했던 미카엘 크라빅 씨와 대낮의 서울 도심을 걸은 적이 있다. 불판이 따로 없었다. 그는 "빗물 낭비가 폭염의 원인"이라고 말했다. 슬로바키아 NGO '사람과 물' 회장인 그는 1999년 환경 분야의 노벨상이라 불리는 골드만 상을 받은 바 있는 환경 전문가다. 대규모 댐 건설에 반대하며 대안적 방식을 고안했다는 공로였다.

서울이 이렇게 더운 이유가 탄소 배출로 인해 일어난 온난화 때문이라면 답이 없다. 한 도시가 탄소 배출을 줄여서 온난화를 막는 건 어려운 일이다. 하지만 도시에 물이 없기 때문에 더 더워진 것이라면 답이 있다. 기화열로 온도를 낮추는 것이다.

도시화가 진행되면 건물과 도로가 불투수층으로 덮인다. 즉, 흙 대신 시멘트와 아스팔트가 도시를 뒤덮는다. 서울시의 경우, 1962년에는 불투수율이 7.8%였던 것이 2010년에는 47.7%로 증가했다. 도시의 빗물은 땅으로 스며들지 못하고 배수구로 버려진다. 바짝 마른 도시의 표면은 태양의 에너지를 흡수한다. 8월 초 오후에 서울대 건물 콘크리트 옥상에서 표면 온도를 재니 섭씨 60℃까지 올라갔다. 반면 오목형의 옥상 녹화를 한 서울대 35동의 온도는 섭씨 25℃로 35℃나 더 시원했다. 옥상 바로 아랫층은 다른 서울대 건물보다 여름에는 평균 3℃ 더 시원했고, 겨울에는 3℃ 따뜻했다.

다시 생각해보자 서울의 불투수층이 늘어난 만큼, 25℃ 정도의 풀밭이 줄어든 만큼, 60℃로 달궈진 불판이 늘어난 셈이다. 그러니 더울 수밖에 해결책은 바뀐 지표면의 일부라도 원상복구시키는 것이다. 그중 가장 쉬운 것이 옥상 녹화다. 원리는 간단하다. 물이 기화하면서 에너지를 소모하는 특성 즉 기화열을 이용하는 것이다. 숲이나 물가가 시원하게 느껴지는 원리다. 건물의 옥상이든, 도로든, 빗물이 떨어진 자리에 모아두면 증발할 때 소모하는 기화열로 도시 온도를 낮출 수 있다.

옥상을 태양광발전소로 사용할 수도 있다. 여기서 1년 동안 생산할 수 있는 에너지는 1평방미터(㎡)당 최대 230kWh다. 월 500kWh의 전기를 사용하는 집 옥상에 주택형(3kW) 미니발전기를 설치하면 월 13만 260원(5단계)에 이르던 전기요금이 2만 5,590원(3단계)가량으로 10만 4,670원이 줄어든다. 누진구간을 낮춰주는 덕분이다.

단, 태양광 패널은 도시의 열섬현상을 해소해주진 못한다. 주위와 조화로운 경관을 이루기도 어렵다. 해결책은 태양광 발전기와 텃밭을 함께 만드는 것이다. 태양광 패널에 떨어지는 빗물은 깨끗하므로 별도의 처리 없이 통에 모아 텃밭에 뿌릴 수 있다. 태양광 판넬의 높이를 다른 시설보다 1미터만 높인다면, 그 밑에 식물을 키우거나 휴식공간을 만들 수 있다.

서울대 35동 옥상이 그 성공 사례. 840평방미터에 꽃밭과 텃밭, 연못을 만들었더니 교수, 학생, 지역주민의 소통이 시작됐다. 여기서 키운 감자, 배추는 어려운 이웃과 나눠 먹었다. 덕분에 국제적인 상도 2번이나 받았다.

서울의 옥상을 텃밭 겸 미니발전소로 만들자. 이런 해법이 다른 도시로 퍼지면 원자력발전소를 줄일 수도 있을 것이다. 원전 때문에 불안한 지역민들의 시름도 줄어들 것이다. 불판을 풀밭으로 만드는 옥상은 미래형 도시의 모델이다. 당장 행동으로 옮길 수 있는, 가장 가까운 해법이다.

⚓ 더운데 어디 이런 냉방기 없나요

전국적으로 폭염이 더 오래, 더 자주 발생한다. 폭염의 원인인 태양은 과거부터 늘 있어 왔고, 태양이 요즘 더 뜨거워진 것도 아닌데 더 더운 이유가 무엇일까 기후변화나 미세먼지처럼 다른 나라 핑계를 댈 수도 없다. 폭염의 정확한 원인을 알 수 없으니 엉뚱한 곳에 아무리 예산을 써도 폭염을 줄일 수는 없다.

폭염을 줄이기 위하여 다음과 같은 조건을 갖춘 냉방기를 현상공모를 해보자.

첫째, 내구성이 있고 재생 가능한 재질을 사용하며, 화석이나 원자력 에너지를 사용하지 않고, 오로지 태양에너지만을 이용하여 만들어야 한다. 또한 대기중의 이산화탄소의 농도를 줄일 수 있어야 하며 이 장치의 부속은 모두 생물이 분해할 수 있어야 한다.

둘째, 이 냉방기 가동 중에는 이산화탄소 대신 산소를 배출하되, 이 장치를 만드는 과정에서는 오히려 이산화탄소를 소비해야 한다.

셋째, 이 장치는 인간이 만든 에너지 대신 오로지 태양에너지만 사용해야 한다.

넷째, 이 장치는 전혀 소음 없이 운전되어야 하며, 배출가스나 폐기물을 남기지 않으며, 그 대신 이산화탄소, 먼지, 소음을 흡수할 수 있어야 한다.

다섯째, 이 장치의 수명은 인간의 수명보다 더 길어야 한다. 가동시간 중 발생할 수 있는 최악의 나쁜 기후조건에도 잘 견뎌야 하며, 유지관리 비용은 최소가 되어야 한다.

여섯째, 이 장치는 여름에는 그늘을 만들고, 습도를 증가시켜서 공기를 적극적으로 냉각시키면서 기분 좋은 냄새를 방출해야 한다.

일곱째, 이 장치는 기후조건에 따라 서로 다른 모델이 있어야 하며, 열대, 온대 등 어느 기후에서도 이용할 수 있어야 한다. 겨울에는 그늘의 면적을 줄여 더 많은 태양 빛이 들어오게 하여야 한다.

여덟째, 가장 중요한 조건으로서 태양열방사의 능력을 10~20 kW사이에서 자율적으로 조절할 수 있는 센서를 구비해서, 공기의 온도를 항상 일정하게 유지하고, 온도 상승을 방지하기 위한 조절 장치의 위치와 갯수에 특별한 주의를 기울여 설계해야 한다. 센서의 설치밀도는 1㎠당 10~100개가 되어야 한다. 이 장치는 전기로 가동되는 일반적인 에어컨보다 더 큰 능력을 가져야 한다.

아홉째, 설치 및 유지관리 비용은 일년에 5천원 이내이고, 매일 또는 연간 유지관리가 쉬워야 한다.

열번째, 이 장치는 태양 에너지만에 의해 운전되므로 운전비용은 들지 않아야 한다.

열한번째, 이 장치는 자연적이고 고상한 모양을 가진다. 이 장치는 새들이 집을 짓도록 유도하고, 벌레들에게 식량을 제공하고, 인간의 육체적 정신적 피로를 없애주고, 숨 쉬거나 바스럭거리는 소리를 내기도 하고, 심신을 안정시키는 물질을 방출하여야 한다.

위와 같은 요건을 충족시키는 제품을 발명한다면, 그 발명자는 벼락부자가 될 것이다. 하지만 대부분의 사람들은 이쯤 되면 이 제품이 무엇인지 잘 안다. 그것은 나무이다. 투영면적 10㎡ 정도 되는 느티나무 한그루는 에어컨 20대를 한꺼번에 켠 것과 같은 냉방효과를 낸다. 그 외에 나무는 여러 가지 정신적, 물질적, 생태적 이점도 제공한다.

우리는 도로를 내거나 건물을 만들 때 나무를 모두 잘라 버렸다. 이것은 자연의 최고급 에어컨 수억대를 없앤 것과 마찬가지이다. 중앙분리대와 나무를 없앤 광화문 광장의 바닥은 온도가 최고 60℃까지 오르는 불판이 된다. 건물의 옥상들도 모두 수십만개의 불판이 된다. 우리는 도시에 불판을 만들고, 그 안에서 에어컨을 켜고 살고 있는 셈이다. 하지만 냉방기의 더운 바람은 또 다시 도시를 덥히는 악순환을 계속하고 있다. 국토를 가로 지르는 도로는 시골에 있는 천연의 냉방기를 모두 없애고 방방곡곡에 불판의 띠를 선물한 셈이다.

또한 도로나 건물의 불투수성 표면은 내린 빗물을 빨리 다 버리도록 설계되어 있다. 물이 없는 도시의 표면은 뜨거워진 불판을 식힐 수 없다. 1톤의 물이 기화할 때 소모하는 에너지는 700kWh다. 물이 없으면 나무가 자랄 수가 없고 도시를 시원하게 해줄 수 없다. 식물과 빗물을 없애는 도시화나 개발은 뜨거운 사막을 만드는 것과 같다. 이것이 폭염이 발생하는 이유다.

폭염의 원인이 이렇게 설명이 된다면, 해결할 방법이 있다. 도시에 나무를 심고 건물의 옥상을 녹화하면 된다. 그리고 빗물을 저장하여 식물에 물을 주어 최고의 냉방기를 가동하면 도시를 시원하게 만들 수 있다.

이제 폭염의 원인을 제대로 알았으니, 그에 따른 해결방법을 정책에 반영하자. 그것은 나무를 심고, 빗물을 모으는 것이다. 도로나 단지 (재)개발 시 나무나 물의 상태를 이전과 같거나 더 많이 유지하자는 원칙만 지키면 된다. 그러면 동시에 홍수와 가뭄도 어느 정도 해결된다. 기후위기와 폭염은 하늘의 뜻이고 남의 나라 탓이라 생각하고 체념하면서 소극적으로 극복하고 버틸 대상이 아니다. 기후위기의 원인만 제대로 안다면 기후는 적극적으로 회복할 수 있다. 식물과 빗물이 답이다.

폭염을 해결하기 위해서는 내린 빗물을 버리지 않고 모으며, 나무를 심는 것이다. 그러면 홍수와 가뭄도 해소된다. 기후위기의 원인을 제대로 알면 기후회복을 할 수 있다. 식물과 빗물이 답이다.

수질오염

🌙 빗물 못 막으면 똥물 들어온다

골목 안에 묻혀있는 하수관의 허용량보다 비가 많이 오면 골목이 침수된다. 하천의 수위가 높아지면 물이 역류하여 정화조 등의 더러운 물이 깨끗한 빗물과 섞이게 된다. 침수 피해가 발생한 지역에 수인성 질병이 도는 이유다.

청계천 유역에 비가 많이 와서 하수가 하천으로 넘치게 되면 소독을 해야만 사람들이 청계천에 드나들 수 있다. 오수와 빗물이 같이 흐르도록 돼 있는 합류식 하수도 시스템이기 때문이다. 즉 비가 많이 올 때에는 청계천으로 오물이 들어와 섞이게 된다.

하수처리장은 비가 많이 올 때 일정량(평상시 하수량의 3배) 이상의 하수는 처리를 못하고 곧바로 하천으로 흘려보내도록 설계돼 있다. 그런 날은 일년 중 며칠 밖에 안 되지만 이때 엄청난 양의 오염물질이 하천으로 흘러 들어간다.

공공시설이 주요 오염배출원이 되는 셈이다. 하천수질 개선을 아무리 외치고 수조 원의 돈을 수질개선 사업에 퍼 부어도 수질이 개선되지 않는 이유가 바로 이것 때문이다. 총량 규제라는 법제도 하에 개인들이 저지른 오염 등 사소한 것은 잡아내면서 공공시설이 배출하는 큰 오염부하는 잡아 내지 못하고 있는 실정이다.

위 세 가지 사례 모두 원인은 빗물이다. 깨끗한 빗물을 발생원에서 잡지 않고 하류로 흘려보낸 후 더러운 하수와 섞이도록 관리하다 보니 이런 문제가 발생한다. 빗물이 떨어지는 바로 그 자리에서 빗물을 모아 하수와 합쳐지지 않도록 하면 위의 세 가지 문제를 해결할 수 있다. 이와 동시에 매우 깨끗한 수자원을 확보하거나 모은 물은 땅 속에 침투시켜 지하 수위를 높일 수 있다.

서울시민의 상수원인 한강 상류를 예로 들어보자. 춘천에 비가 많이 오면 일부만 하수처리장에서 처리하고 나머지는 미처리 상태도 방류한다. 때문에 빗물과 똥물이 섞인 물은 팔당호로 흘러 들어온다. 그 물을 원수로 해 서울시민들은 수돗물을 공급받는다. 정수 처리를 잘 해서 음용수로는 결격사유가 없지만 기분은 찜찜하다. 이를 해결할 수 있는 방법은 없을까?

서울시민들의 상수도요금에는 톤당 170원의 수질개선부담금이 추가적으로 부과된다. 서울시민들은 돈만 낼 것이 아니라 값싸고 효율적인 방법을 제시하면서 춘천시에 요구할 권리가 있다. 그래야만 빗물 섞인 하수가 하수처리장으로 적게 유입되고, 똥물이 섞인 하수도 월류수가 팔당으로 가장 적게 들어오기 때문이다.

비용 대비 가장 효과가 큰 방법은 사전에 빗물이 똥물과 섞이지 않도록 빗물을 관리하는 것이다. 예를 들면 건물의 홈통으로 떨어진 빗물이 하수도로 가지 못하게 빗물저금통을 설치한다. 또는 도로에 떨어진 물이 하수처리장이나 하천으로 흘러 들어가지 못 하게 도로 우수받이 근처에서 모아 약간의 처리 후에 침투시킨다.

최근 들어 하수도가 보급돼 사용하지 않게 된 정화조를 약간의 청소를 하면 매우 값싸게 훌륭한 빗물저장조로 개조할 수 있다. 이렇게 되면 도시의 하수도 시스템이 합류식으로 돼 있어 어찌할 도리가 없다고 탓할 필요가 없다.

이 방법을 적용하면 상류 도시인 춘천시에도 이익이다. 하수처리장에 하수가 적게 들어오기 때문에 처리비용이 줄어들고, 빗물저금통에 모은 빗물 만큼 수자원을 확보할 수 있다. 빗물을 모으니 국지성 폭우에도 하수도를 이용하는데 문제가 없다. 모아둔 빗물은 여름철 도심에 물을 뿌려 온도를 낮출 수 있고, 텃밭을 가꾸는 데 사용할 수도 있다. 이는 현 정부의 저탄소 정책에도 부응한다.

이와 같이 상류와 하류 사람들이 모두 행복한 방법(윈-윈)을 최우선으로 수행하도록 정부에서 법규나 조례를 제정해야 한다. 가장 중요한 것은 세금을 내고 투표권을 가진 똑똑한 시민들이 정부에 이런 대안을 제안해야 한다.

🐚 축사지붕에서 받으면 식수, 밑에서 받으면 침출수

구제역 매몰지의 침출수 문제가 심각하다. 특히 빗물이 유입되면 침출수의 양이 더 많아져 지하수나 하천을 오염시킬 수 있다. 그러나 골칫거리인 빗물을 잘 만 관리하면 가장 훌륭한 상수원으로 만들 수 있다.

가령 1,000㎡의 축사 지붕에서 일 년동안 모을 수 있는 빗물의 양은 지붕면적에 일 년 강우량을 곱한 값의 90%다(1,000㎡× 연평균 강우량 1.3미터×0.9=1,170톤). 이때 저장조의 크기는 50톤에서 100톤 정도의 규모다.

물론 산성비나 황사 등으로 인한 오염물질 제거 처리를 해야 한다. 그러나 그 비용은 알지도 못하는 오염물질이 많이 들어 있는 하천수나 지하수를 처리하는 것보다 훨씬 비용과 에너지가 적게 든다.

생활용수를 독일 가정의 수준인 일인당 100ℓ 정도로 잡으면 한 사람이 일 년에 필요한 양은 36.5톤이다. 1,000㎡의 지붕에서 얻어지는 1,170톤의 물은 30명이 충분히 생활용수로 사용할 수 있다. 상수도를 멀리서 끌어오는데 드는 비용보다 훨씬 적게 든다.

축사 근처 지붕의 홈통에서 빗물을 모아 튜브형 저장조에 넣으면 아주 간단하고 빨리 저장조를 만들 수 있다. 그 비용은 콘크리트나 철제 저장조의 3분의 1정도면 된다.

최근 서울대에서 빗물을 멤브레인으로 처리해 상수나 파는 병물과 함께 맛을 비교한 실험에서 빗물이 가장 맛있는 것으로 나타났다. 구미에서 세미나를 할 때 빗물을 이용하여 차를 끓여보니 가장 차 맛도 좋았다는 반응이다.

비가 오고 지붕이 있는 한 이 시설은 지속가능하다 무엇보다 수도요금을 내지 않는 것이 큰 장점이다. 지하수처럼 깊은 곳에서 올리지 않아도 되므로 에너지도 절약이 된다 스스로 제대로만 관리하면 먹는 물의 자급이 가능하다.

실제로 파주의 한 축산농가에서는 빗물을 모아서 생활용수로 사용한 경우가 있다. 그리고 모은 빗물을 축사의 지붕에 뿌려여름철에 냉방효과를 볼 수도 있다.

축사의 지붕에 떨어지는 빗물을 잘 관리하여 상수원 확보, 홍수방지, 침출수 방지 등 일석삼조의 효과를 얻을 수 있다. 봄비가오기 전에 만들어 두자 비가 오기 전까지는 이 저장조에 소방차로 물을 운반해두면 동네의 물 공급 거점으로 삼을 수 있다. 정부에서 상수도 공급대책을 삼을 때 축사나 비닐하우스의 지붕을 이용한 상수원 확보를 가장 먼저 고려해야 한다.

🐟 소하천 정비의 허상

어릴 때 집 근처 실개천에서 가재 잡고, 물장구치면서 우정을 나누고, 자연의 아름다움을 함께 누리던 추억이 있다. 안타깝게도 우리 아이들은 그런 추억을 가질 수가 없다. 대신 마른 하천 바닥의 물고기 시체만 기억할 것이다. 소하천 정비라는 이름으로 하천의 기능과 경관이 점점 파괴되기 때문이다. 하천 옆면에 자라던 식물들이 다 없어졌다. 바닥에서 수만년 자리를 지켰던 돌과 자갈, 우렁차게 흐르던 물소리도 사라졌다. 자연 파괴가 일어난 것이다. 행정안전부에서 수조원의 예산을 들여 소하천 정비를 시행해 온 결과이고, 앞으로도 수십조원의 예산이 집행될 계획에 있다.

소하천 정비법의 목적은 재해 방지다. 비를 빨리 내다 버리기 위해 하천과 균형을 이루었던 식물과 돌멩이는 제거 대상이 된다. 하천 단면을 반듯하게 직사각형이나 역사다리꼴로 만들어 유럽 어느 도시에 간 듯한 착각을 일으키고 배를 띄우고자 하는 욕망을 만든다. 사람의 눈에는 반듯하게 보일지 모르나, 생태계에는 지옥이 따로 없다. 여름에만 오는 빗물을 다 버렸으니 겨울에는 물이 없다. 돌과 수생식물 사이에 살던 물고기의 놀이터나 산란처가 모두 없어진다. 빠른 물에 사는 어류, 느린 물에 사는 어류 어느 것도 살지 못하게 돼 생물다양성이 낮아진다.

강변의 콘크리트 인공구조물은 수륙 간의 생태계를 단절시킨다. 개구리나 들짐승 등이 벽에 막혀 오가지 못한다. 오염물질을 정화할 풀, 습지 등의 생태계가 없어진다. 하천의 자정 능력이 지천부터 없어지므로 본류에서는 부영양화와 녹조가 더욱 심각해진다. 여름에 달궈진 아스팔트나 콘크리트를 거쳐 들어오는 뜨거운 물은 생태계를 파괴하는 또 다른 주범이 된다. 소하천을 정비하면 4대강의 녹조가 해결될 것이라는 희망은 허구임이 증명되는 셈이다. 빗물을 버려 마른 땅은 열섬과 미세먼지를 부추긴다. 오랫동안 하천과 그 주위를 지켜 왔던 기묘한 형상의 돌멩이나 바윗덩어리는 잘게 부서지거나 반출될 것이다. 그중에는 수천 년을 내려온 문화재가 있을지도 모른다.

소하천 정비 사업을 부추기는 은밀한 유혹들이 있다. 하천을 바르게 만들면 소위 폐천 부지라는 새로운 토지가 탄생한다. 또한 소하천 정비는 풍부한 일감을 만든다. 정비를 통해 빗물이 빠르게 흘러나가게 되면 그 하류에는 지천의 용량이 부족하므로 추가로 줄줄이 정비를 해야 한다. 본류 제방도 위험해지니 그것도 보강해야 한다. 어떤 사람은 자연을 파괴한 대가로 재미를 볼 것이다.

홍수 방지만을 위한 소하천 정비법을 당장 폐기해야 한다. 우리 세금으로 우리 자연을 파괴하는 일이기 때문이다. 우리나라의 특성상 홍수와 가뭄을 동시에 고려하는 관리가 필요하다. 선으로 이루어진 하천을 최소한으로 고치고, 면으로 이루어진 유역 전체에 걸쳐 빗물을 모아 침투·저류시켜 천천히 하천으로 흘러가도록 해야 한다. 그래야만 지금의 마른 하천에 물이 흘러 생태계가 회복되고, 녹조나 열섬현상이나 미세먼지도 줄일 수 있다. 우리 땅에 맞는 물관리를 하기 위한 새로운 패러다임의 물기본법이 시급하다. 우리 손자들에게도 물장구치고 가재 잡던 그러한 아름다운 추억을 남겨 주기 위해서다.

우리나라의 강우특성상 홍수와 가뭄을 동시에 고려하는 하천의 관리가 필요하다. 그것은 면으로 이루어진 유역전체에 걸쳐 빗물을 저류 침투시켜 천천히 하천으로 흘러들어가게 하면 된다.

비상시 물 공급대책

🌙 상수도 시스템의 신뢰를 회복하는 방법

최근 수돗물의 배달사고로 인해 상수도 시스템에 대한 신뢰가 많이 떨어졌다. 정부의 대책과 예산계획에는 수돗물 불신에 대한 근본적인 해결책은 제시되지 않고 있다. 앞으로 기후위기에 의한 물공급의 불확실성이 늘어나고, 노후화되어가는 수도시설 때문에 언제 어느 도시에서 또 다른 수질사고가 발생할지 모른다. 근본적인 문제를 지적하고 해결책을 제안한다.

배달사고란 보낸 사람과 받는 사람의 기대치가 다른 것을 말한다. 정수장에서는 수질기준에 맞는 수돗물을 보냈는데 수도꼭지에서는 그러한 수질을 받지 못한 것이다. 그 원인을 관로의 관리 잘못이나 노후관로로 돌리면서 천문학적인 비용이 들어가는 관로교체만을 유일한 대안으로 제시하고 있다. 하지만 관로만 교체한다고 배달사고를 막을 수 없다. 근본적인 것은 평상시에 관로를 청소하는 것이다. 한가닥으로 이루어진 관로는 청소할 때 단수를 해야 한다. 이때 발생하는 민원 때문에 정상적인 청소는 곤란하니 값비싼 관로교체만을 생각하는 것이다. 간단한 대안으로는 단수 시 시민들의 고통을 줄이고 불편하지 않도록 하는 방법을 찾으면 된다.

상수도시스템은 원수-취수-정수-배수-급수-옥내배관 등으로 이루어져 있다. 이 구성요소 중 어디서든 수질적인 문제가 발생할 수 있다. 도시에 따라 취약지점이 다르고, 만약 문제 발생시 그것을 해결하기 위한 시간과 비용과 시민들이 감내해야 할 고통이 각각 다르다. 지금까지 도시의 물공급시설을 평가할 때 평시의 수도보급률만 생각하고, 비상시의 대비능력에 대한 평가는 없었다. 광역상수도에 의존하는 도시는 물자급률이 낮아서 만약 공급상의 문제가 발생할 때 그 고통을 받아야 하는 사람의 숫자가 매우 많고, 그것을 회복하기 위한 비용이 많이 든다. 이것을 회복탄력성이 낮다고 한다.

현재 우리 도시는 낮은 물자급률과 단일 공급원에 의존하는 광역상수도 일변도의 정책으로 가고 있다. 이것은 최근의 반도체 공급을 일본에 의존하다가 커다란 충격을 받는 것과 같이 위험하다. 반도체 분야의 대응으로 자급률을 높이고 공급원의 다변화가 해결책으로 제시되고 있다. 마찬가지로 수도시스템도 자체수원을 확보하여 상수도의 자급률을 높이고, 수원의 다변화를 꾀하여 '평시와 비상시를 모두 고려한' 상수도 공급정책으로 바꾸어야 한다.

이에 대한 방법을 제시한다.

첫번째, 평가지표의 개선이다. 도시의 수도시스템을 평가할 때 물자급률과 회복탄력성이란 수치를 이용하자. 그러면 각 지방정부에서는 이러한 지표의 현황을 파악하고 그 지표를 높이기 위한 방안을 마련하고, 지자체 사이의 우열이나 정책달성도를 평가할 수 있다.

두번째, 물공급량 자체를 줄여야 한다. 우리나라의 1인 1일 평균사용량은 282ℓ로서 독일이나 호주의 두배가 되는 높은 수치다. 이 수치를 줄이면, 평시는 물론 비상시에 공급해야 할 물의 양이 줄어든다. 일반 변기를 초절수형으로 바꾸어도 물사용량이 3분의 1가량 줄어든 사례가 있다.

세번째, 비상시 공급방안의 확보이다. 비상시 물을 공급할 수 있는 방안이 제대로 마련 되어 있으면 시민들의 혼란을 줄일 수 있다. 현재 행정안전부의 민방위급수시설기준은 수량과 수질이 비현실적이다. 보완책으로 기존건물이나 신규건물에 빗물저장시설을 만들어 두면 그 시설을 이용하여 관로청소나 단수 시 물을 공급받는 시설로 만들 수 있다. 부가적으로 이 시설은 홍수도 방지해주고, 소방용수, 청소용수 등으로 활용할 수 있다.

네번째, 책임자 지정이다. 지자체의 장은 평시는 물론 비상시에도 수돗물 공급이 잘 되도록 인력을 배치하고, 장기적인 R&D 투자와 예산을 투입할 책임과 권한이 있다. 그러한 투자가 없는 상태에서 문제가 발생했을 때 우연히 그 자리에 있던 담당자가 책임을 지곤 하였다. 이러한 사태의 책임을 지자체의 장이 지어야 한다. 그렇게 되도록 제도를 바꾸고, 시민들도 그러한 의지와 실력이 있는 일꾼을 지도자로 뽑아야 한다.

다섯번째는 비용이다. 시민들은 정당한 비용을 내고 정당한 수도서비스를 요구하여야 한다. 현재와 같이 수도사업의 적자에 대해 물을 안 쓰거나 적게 쓰는 사람에게까지 전가하는 것은 정당하지 않다. 정당한 비용이란 수돗물의 생산원가는 물론 노후되는 시스템에 대한 선제적인 투자 및 R&D비용을 합해야 한다.

이와 같이 평시와 비상시를 동시에 고려한 새로운 패러다임의 수돗물 공급방안을 새로운 정책에 반영하여야 한다. 그러면 수돗물의 신뢰를 회복하고, 우리와 우리 후손들에게 안전한 수돗물을 공급할 수 있는 사회시스템을 유지할 수 있다.

☙ 비상시 물 정책은 각자도생 정책

2011년 경북 구미시에서 며칠간 단수가 된 적이 있었다. 그때의 사회적 혼란은 엄청났다. 식수는 병물로 공급하고, 세탁은 나중에 한다지만 가장 큰 문제는 화장실에서 발생한다. 하루라도 화장실용수가 끊어지면 삶의 질은 커녕 기본적인 인간의 존엄조차 지킬 수 없다. 만약 동시에 여러 곳에서 단수가 되고, 정전도 함께 발생하는 일이 벌어진다면 재앙수준의 혼란이 예상된다. 이때 사회적 약자나 빈곤층부터 치명적인 피해를 입는다.

지진과 같은 자연 재해, 또는 전쟁이나 사고로 인해 상수원이 오염되거나, 관로의 파손, 정전 등에 의해 넓은 지역에 장기간 단수가 될 경우를 상상해 보자. 이에 대비하여 우리 정부는 어떠한 해결책을 준비하고 있을까? 아마도 현재는 시민의 희생만을 강요하거나, 각자 살길을 찾으라는 각자도생의 정책만 준비 되어 있는 듯하다.

현재 비상시의 급수대책은 행정안전부 소관이다. 도시의 주요 거점에 지하수를 수원으로 한 민방위 급수시설의 기준을 정하고 있다. 한 사람당 하루 25ℓ(식수 8ℓ, 생활용수 17ℓ)의 물을 공급할 수 있도록 시설이 만들어져 있다. 이 계획은 수량, 수질, 관리 면에서 몇 가지 문제점을 가지고 있다. 펌프 등 시설이야 그 기준대로 설치되어 있겠지만, 지하수위가 낮아진 도시에서는 계획대로 수량을 확보할 수 없다. 이 양은 한번에 12ℓ 넘게 사용하는 수세변기 두 번 누르기도 어렵다. 근처에 불이라도 난다면 소방용수가 없어서 발만동동 구를 뿐이다. 여러 사람이 생산하는 화장실 오수도 처리, 처분대책을 마련해야 전염병 발생을 막을 수 있다. 오염된 지하수를 마시려면 수처리를 해야 한다. 정전에 대비해 발전기를 두지만 비상시 연료 공급이 안되면 이 또한 무용지물이다. 비상시에 이런 시설로 일부 사람들은 혜택을 볼 수 있겠지만 대다수의 사람들에게 안정적으로 기준에 맞는 물을 공급할 수 있다는 보장은 없다.

물관리 책임부서인 환경부와 국토부에도 비상시 물공급 대책이나 매뉴얼은 없다. 평소 일인당 하루 평균 물사용량 280ℓ씩 공급하던 시스템에서 물공급이 중단된다면 시민들이 체감하는 불편과 불만은 상대적으로 더 클 것이다.

서울시를 비롯한 지방자치단체에도 비상시 물공급대책은 없거나 미흡하기는 마찬가지이다. 만약 현재 우리 동네에 물이 장기간 단수되었을 때, 물공급을 위해 작동되는 매뉴얼이 있는지 확인해 보자. 특히 우리나라는 북한의 전쟁위협과 기후변화에 대비하여 더욱 더 철저한 대비를 하여야 한다. 눈앞에 보이는 위험만이 아니라 충분히 예측 가능한 위험에 대해서도 현명하게 투자하고 준비를 하는 것이 올바른 지도자의 자세일 것이다.

대안은 있다. 서울 광진구의 한 주상 복합건물에는 3천톤짜리 다목적 빗물저장시설이 홍수방지용, 수자원확보용, 비상용으로 각 천톤씩 만들어져 있다. 비상용으로 항상 천톤의 깨끗한 물이 저장되어 있다. 이물은 4천명 주민이 하루 25ℓ씩 10일간 사용할 수 있는 양이다. 언제라도 비상시 물을 사용할 수 있으니 주민들은 안심한다. 근처에 불이라도 나면 소방차 100대분의 물을 빨리 공급하여 골든타임을 줄일 수 있다. 비가 오면 더 많은 물이 자동으로 저장된다. 서울시에서는 이런 시설을 만들 때 경제적 인센티브를 줄 수 있도록 조례가 만들어져 있다. 이 시설에 관한한 정부도, 건설업체도, 시민들도 모두가 만족한다. 이 빗물관리 시설은 국내외의 교과서에 실릴 정도의 우수사례로 소개되고 있다.

이와 같은 다목적의 물관리 거점시설을 신축건물마다 또는 공공건물마다 도시의 곳곳에 만들어두고 민방위 급수시설, 소방시설로 함께 사용한다면 별도의 비용을 들이지 않아도 우리 도시를 더욱 안전하게 만들 수 있다. 홍수, 소방 등 비상시에 사용하면서 적절한 경제적 보상을 해주는 제도를 갖춘다면, 주민들이 자발적으로 관리할수 있어서 관과 민이 함께 안전한 사회를 만들 수 있다.

현재 새로운 패러다임인 물관리 기본법이 시행되고 있다. 이 때 비상시까지도 고려한 종합적이고 다목적인 물관리 대책의 체계적 검토가 필요하다. 물관리를 책임진 부서는 과거처럼 홍수방지, 물이용, 비상시대책을 따로따로 관리해온 방식을 벗어나야 한다. 국토이용, 도시계획, 환경보전, 비상계획 등과 맞물려서 시민의 안전을 최우선으로 하면서 이것을 적극적으로 유도하도록 세금혜택, 보험료 감면 등의 제도를 잘 만들어 안전한 사회를 만들도록 해야 한다.

우리 도시의 지도자로서 장래 다가올 물의 위기에 선제적으로 대응하는 안목과 지혜를 가진 사람이 요구된다. 비상시에 무대책으로 시민들 각자의 희생을 요구하기 보다는, 평시에 경제적이고 다목적인 제도와 정책을 만들어 시민들이 동참하도록 해야 한다. 비상시에 시민들이 물에 대한 안전을 보장받으려면 그러한 대책을 준비한 지도자를 선택해야 한다. 이것이 시민들이 물의 위기에 대비하여 각자도생하는 방법이다.

⚓ 연평도 군부대의 '우(雨)비무환'

지금 연평도에는 해병대를 비롯해 전투 및 보급부대가 주둔해 있다. 탄약, 기름, 식량, 피복 등 보급품의 적시 조달은 필수다. 이중 단 하나만 부족해도 전력에 손실이 생긴다. 아마도 비축량은 물품에 따라 몇 일분, 몇 달분 등으로 계산해 저장하도록 규정돼 있을 것이다.

그런데 그 중에서 가장 중요한 것을 빠뜨리고 있다. 그것은 물이다. 탄약은 쏘지 않으면 그대로 남아 있지만 물은 매일 사용하기 때문에 오래 주둔할수록 가장 빨리 부족해진다. 연평도에는 며칠분의 물이 비축돼 있을까.

탄약이 없으면 육박전으로라도 싸울 수 있다. 피복이 없으면 다른 것을 걸치는 등 추위는 피할 수 있다. 밥은 며칠 굶어도 죽지는 않는다. 그런데 물이 없으면 단 3일도 살 수 없다. 오염된 물을 마셔 탈이 나거나 하면 짧은 시간에 엄청난 전력의 손실이 생긴다. 그렇다면 안전한 물을 어떻게 조달하고 있을까?

연평도에는 하천이 없어 수원이 부족하고, 육지와 거리가 멀어 해저상수관을 끌어오지 못한다. 우물이나 지하수를 사용한다고 해도 평소보다 많은 군대병력이 오랫동안 먹기에는 분명 모자랄 것이다. 이때 생각할 수 있는 물 공급방안은 다음과 같다.

첫번째, 급수선이다. 인천에서부터 배에 물을 싣고 가서 물 저장조에 채워 놓고 장병들에게 공급하는 것이다. 만약 적의 포대가 물을 싣고 가는 배를 위협해 배가 뜨지 못하면 물공급을 받지 못해 낭패를 당할 것이다.

두번째, 해수담수화시설이다. 기름을 이용해 바닷물을 끓여서 만들면 되는데 이를 위한 기름 소비가 엄청나다. 마찬가지로 기름배를 적의 포대가 위협하면 시설을 만들어 놓고도 물을 생산하지 못 한다. 아니면 작은 부속이 하나라도 없으면 해수담수화 시설 가동이 중지되어 있으나마나한 존재가 된다. 인천에서 기술자를 불러오든지 부품을 조달해야 장병들이 물을 마실 수 있다.

거센 풍랑이나 태풍으로 물배도 기름배도 뜨지 못하면 우리 젊은 장병들은 적의 위협보다 더 무서운 물 부족의 고통을 겪게 될 것이다.

그런데 방법은 있다. 연평도는 사막이 아니다. 연평도에는 1년에 1300㎜ 이상의 비가 내린다. 7㎢의 면적을 곱하면 연평도에 하늘이 주신 선물인 빗물의 양은 1년에 900만 톤이다. 이 중 1% 정도만 잡아도 10만 톤을 쓸 수 있다.

빗물저장조를 만들면 섬 안에서 물 자립이 가능하다. 군부대 막사의 지붕에 떨어지는 빗물을 조금만 처리하면 훌륭한 음용수가 된다. 산이나 들에 떨어지는 비를 잘 받아두면 훌륭한 생활용수가 된다.

필요한 시설의 규모는 군부대 주둔 인원에 따라 다르다. 나중에 군부대가 철수해도 이 시설은 주민들이 사용할 수 있다.

바닷가 섬의 특성을 살려 포집 그물로 안개를 잡아 이용하면 그물 1㎡당 하루에 1~5ℓ 정도의 물을 만들 수 있다. 빗물과 안개만으로 부족하다면 기존의 다른 방법과 병행해 수원을 다양화해서 물 공급의 안정성을 확보할 수 있다.

군에서는 만약의 사태에 대비해 미리 준비하는 유비무환(有備無患)의 정신이 필요하다. 여기에 덧붙여 군의 전력상 가장 중요한 물을 스스로 확보하도록 빗물을 받아 저장하고 사용하는 '물 자립형 군대'를 만들어야 한다. 여기서 훈련을 받은 장병은 제대 후에도 훌륭한 빗물이용과 자립정신으로 훌륭한 시민이 될 것이다.

우리 군이나 정부에서는 이러한 전례도 없고 정신이 없다는 이유를 들어 빗물 모으기에 관심을 기울이지 않을 수도 있다. 그렇다면 민간인들이 봉사단을 조직해 연평도에 빗물이용시설을 한 두개 만들어 주자.

이런 이벤트를 보고 우리 국민과 우리 군대가 물자급과 유비무환, 그리고 국방의 자립을 생각한다면 우리나라의 군대 역사상 가장 획기적인 자주국방 작전 중 하나인 우(雨)비무환 작전이 마련될 것이다.

우리의 지도자는 장래 다가올 물의 위기에 선제적으로 대응하는 안목과 지혜를 가진 사람이 되어야 한다. 비상시는 물론 평시에도 경제적이고 다목적인 제도와 정책을 만들어 시민들이 동참하도록 하여야 한다.

미세먼지

🦋 새로운 패러다임의 미세먼지 대책이 필요하다

미세먼지 오염이 심한 날, 인천 공항에서 서해안을 거쳐 남쪽으로 가는 비행기를 탄 적이 있다. 뿌연 미세먼지가 서해바다 위 높은 곳까지 있는 것을 보면 미세먼지가 중국에서 발생하였으며, 우리나라 도시에서의 여러 노력이 효과가 없을 것이라는 것을 금방 알 수 있다. 중국발 미세먼지는 중국에서 줄여야만 해결된다. 물론 국내의 여러 사업장, 도로에서도 미세먼지를 최대한 줄여야 한다. 일단 미세먼지가 발생하면 넓은 공간으로 확산된다. 미세먼지를 포집하고, 씻어내고, 다시 떠오르지 않도록 하는 것도 발생원 차단 못지않게 중요하다.

미세먼지는 현재만의 문제가 아니다. 앞으로도 계속해서 국민의 건강과 생활에 위협요소가 될 것이다. 미세먼지 대책을 잘 세워야만 국민의 건강을 지킬 수 있다. 일부도시에서는 오염원의 가동을 줄이거나, 도로 교통량 제한 등을 제안하고 있지만, 과연 그러한 방법이 비용과 효율 면에서 지속가능한 방법인지, 보다 더 근본적인 대책은 없는지에 대한 의문이 남는다. 새로운 패러다임의 미세먼지 대책을 제시한다.

첫째, 올바른 정책목표의 설정이다. 대기층에 두껍게 퍼져 있는 미세먼지를 얼마나 줄여야 할까? 물론 모두 다 줄이면 좋지만 경제성을 따지면 불가능에 가깝다. 제어의 목표를 사람의 눈과 코의 높이에 있는 미세먼지로 잡아보자. 즉, 지상에서 2m되는 지점까지 미세먼지의 농도를 낮추는 것을 목표로 하는 것이다. 도시 전체에 클린 에어 벨트를 만드는 것이다. 개개인이 마스크를 써서 코앞의 미세먼지 농도를 줄여 클린에어 포인트를 만드는 것과 마찬가지 개념이다.

둘째, 미세먼지의 움직임을 잘 관찰하면 대책이 나온다. 비가 오면 미세먼지가 씻겨서 대기가 맑아진다. 물기 없는 마른 운동장에서는 바람에 바닥의 먼지가 풀풀 날린다. 나무 잎에는 먼지가 수북이 쌓인다. 그렇다면 비가 오도록 하자. 땅에서 증발된 수증기가 하늘로 올라가서 비가 된다. 지금처럼 빗물을 모두 하수도로 버린 도시에는 증발될 수증기가 없다. 도시의 표면을 빗물로 촉촉이 만들도록 도시계획을 하면 수증기가 올라가서 비를 내릴 확률이 많아진다. 운동장이나 도로에 물을 뿌려주면 가라앉은 먼지가 다시 떠오르는 것을 막을 수 있다. 수돗물 대신 근처에 떨어진 빗물을 모아서 사용하면 된다. 도시나 건물 곳곳에 이파리가 많은 나무를 심으면 나뭇잎에서 미세먼지를 포집해서 농도를 줄여준다. 나무가 자랄 때 필요한 물은 모아둔 빗물을 이용하면 된다.

셋째, 도시 전체에서 시민들의 자발적 동참을 유도하자. 정부가 주가 되어 교통량을 줄여 선(線)적인 오염원을 줄이는 방안보다는 전체 면(面)에 걸쳐 있는 일반 시민들의 적극적인 참여와 협조를 구하면 더 큰 효과를 발휘할 수 있다. 즉, 일반시민들에게 공터에 나무를 심도록 하고, 옥상을 녹화하고, 산중턱이나 건물의 지붕에서 모은 빗물로 운동장에 물을 뿌리고, 꽃과 나무를 심도록 하면 시민들의 생활자체가 미세먼지 저감대책이 되며 건강한 생활환경이 조성된다. 이를 위한 현명한 도시관리 정책이 필요하다. 서울대학교 35동 옥상은 그러한 물-에너지-식량을 연계한 옥상녹화의 좋은 사례이다.

넷째, 다목적으로 하여 경제성을 높이는 것이다. 공장 가동을 잠시 멈추거나 교통량을 일시적으로 줄여서 미세먼지를 줄이는 방법은 경제성이 적다. 만약 미세먼지 저감대책과 물관리 대책을 연계하면 경제성을 높일 수 있다. 가령, 빗물을 산중턱에 모아두면 홍수도 대비하고, 가뭄도 방지할 수 있다. 모아둔 빗물로 도로를 청소하면 코 높이의 미세먼지를 줄일 수 있다. 여름에는 도로에 빗물을 뿌려 열섬현상도 줄일 수 있다. 산불예방도 되고, 도시의 경관도 좋아진다. 콘크리트 포장의 광화문 광장은 그런 면에서는 단세포적이다. 이와 같이 도시를 관리할 때, 다목적을 염두에 두고 정책을 만들면 안전은 물론, 경제성이나 시민의 체감효과, 도시의 환경친화성은 점점 커지게 된다.

점점 복잡해지는 미세먼지, 물, 열, 비상시 대책과 같은 복잡한 도시 환경 및 안전문제를 해결하기에 지금과 같은 정부 주도 단일목적의 시책은 현명하지 못하고 비용 효용성이 떨어진다. 시민이 적극적으로 참여하면서 다목적의 시책으로 경제성을 높이는 정책이 필요하다. 앞으로는 복잡한 환경 및 안전문제를 다목적으로 시민과 함께 잘 해결할 수 있는 새로운 패러다임의 비전을 제시하는 것이 도시 관리자의 능력을 판단할 중요한 지표가 될 것이다.

🐟 학교 미세먼지 대책 빗물관리에 답 있다

손녀딸의 노래를 듣다가 "미세먼지 있는데 어디 가세요"라는 가사에 깜짝 놀랐다. 아름다운 동요를 부르는 대신 미세먼지로 세상의 어두운 면부터 이야기하니 안타깝다. 부모들의 가슴은 더욱 아플 것이다. 어린 자녀에게 깨끗한 환경을 물려줘야 하는데 그러지 못하기 때문이다.

학생들을 위한 학교 차원의 미세먼지 대책들이 쏟아지고 있다. '마스크를 사서 학생들에게 지급한다' '실내에서 운동을 하도록 체육관을 세운다' 같은 방안들이지만 이는 시간과 비용이 많이 든다. 근본적인 대책이 아니므로 지속가능하지도 않다. 이렇게 자란 학생들은 마스크가 없으면 살 수 없는 온실 속의 아이로 커서 외국이나 미지의 세계로 나갈 때 적응하기 어려울지도 모른다.

학교에서 미세먼지의 피해를 줄이는 방법은 있다. 밑바닥에 가라앉은 먼지가 다시 떠오르지 않도록 하는 것이다. 결론부터 말하자면 식물과 빗물이 해답이다.

서울대 35동 서쪽에 나팔꽃으로 녹색커튼을 만들어 봤다. 건물의 밑 부분에서 옥상까지 비스듬히 줄을 매어놓고 그 밑에 나팔꽃을 심었다. 줄을 타고 올라가면서 자란 수없이 많은 잎사귀가 미세먼지를 잡아주거나 차단하는 역할을 훌륭히 해낸다. 창문에는 그늘이 생겨 시원하고 교실 안으로 들어오는 직사광선도 차단해서 실내 분위기가 쾌적해진다. 피고 지는 꽃의 아름다움은 덤이다. 그런 자연환경을 보고 자라나는 아이들은 친환경적인 마음을 키워나갈 수 있을 것이다.

학교 주위의 자투리 공간이나 실내에도 식물을 심으면 잎이 미세먼지를 흡착해 준다. 식물을 키울 때 필요한 물은 지붕에서 모은 빗물로 충당할 수 있다. 다행히 우리나라는 식물이 물을 가장 많이 필요로 하는 여름에 비가 오기 때문에 빗물을 효율적으로 이용하는 데 적합하다. 부가적으로 냉방 효과도 있다. 식물의 증발산작용으로 1t의 물이 증발하면서 기화열로 흡수하는 열에너지는 10킬로와트(kW)짜리 거실용 에어컨 10대를 7시간 켠 것과 같다.

학교의 미세먼지 대책을 다목적 빗물관리와 연계하면 정부도 행복한 지속가능한 해법이 나온다. 학교 건물의 지붕에 떨어지는 빗물을 홈통으로 운동장 지하에 설치한 빗물저장조에 모은다. 운동장에 물을 뿌리고, 잔디를 키운다든지 나무를 키우는데 물을 주면 미세먼지를 줄일 수 있다. 공사는 간단하다. 방학 중 2주 이내에 공사를 완료할 수 있다. 지역 일거리도 창출할 수 있다. 2002년에 빗물이용시설을 설치한 의왕시의 한 학교는 아직도 문제없이 조경용수로 사용하고 있다.

학교에 빗물저장조를 설치해 식물을 키우거나 운동장에 물을 뿌리면 미세먼지를 잡을 수 있다. 친환경학교 조성과 환경을 위한 교육적 효과도 있다. 여기에 정보기술(IT)을 이용하면 도시 안전을 위한 새로운 가치를 창출할 수 있다. 빗물 저장조에 모인 빗물을 지역에서 먼지 저감을 위해 뿌리는 물로도 활용할 수 있다. 공짜로 모은 빗물을 시나 소방서에 팔아서 얻는 수익금은 학교 재정에 보탤 수 있다 .

미세먼지와 환경 개선을 위한 종합적인 대착 마련이 시급하다. 미세먼지를 포함한 환경교육과 정책은 미래세대를 길러내는 초·중·고등학교에서부터 시작하기 바란다.

🌱 미세먼지 빗물관리로 줄이자

21일까지 닷새째 이어진 미세먼지 때문에 거리 패션이 바뀌었다. 서울의 거리에선 황사 마스크가 대세 아이템이 됐다. 21일 오전 서울의 공기 품질이 세계 주요 도시 중 인도 뉴델리에 이어 두 번째로 나빴던 것으로 나타났다. 스모그로 유명한 베이징보다 나빴던 셈이다.

미세먼지의 원인이 중국발 황사, 발전소 대기오염, 기상상태 등 국제적이거나 경제적, 기상학적인 문제에만 있다면 짧은 시간 안에 그 원인을 해소할 수 있는 방법은 없다. 도시에서 개인이 미세먼지의 피해를 적게 받도록 하는 방법을 스스로 찾아야 한다.

미세먼지의 발생특성과 거동을 잘 이해하면 미세먼지의 피해를 최소화할 수 있다. 우선 미세먼지가 직접적인 인체에 피해를 주는 경우는 눈과 코가 있는 지표면 근처이다. 멀리서 오는 미세먼지를 관리하는 것도 중요하지만 가라앉은 미세먼지가 다시 떠오르는 것을 방지하는 것도 중요하다.

미세먼지가 어떻게 움직이는지 그 원리를 살펴보자.

첫째, 원리는 '대류현상'이다. 더운 아스팔트에선 뜨거운 공기가 위로 올라가는 아지랑이 즉 대류현상을 눈으로도 볼 수 있다. 이러한 대류현상에 의해 미세먼지가 떠다니게 된다. 도시의 표면을 구성하는 아스팔트와 옥상이 미세먼지의 발생원인 것이다.

두번째는 '마른 마당' 원리다. 젖은 마당은 쓸어도 먼지가 나지 않는다. 젖은 흙에 있는 물분자가 먼지를 잡아 위로 떠올라가는 것을 막아주기 때문이다. 떴다가도 젖은 먼지들은 서로 결합하는 바람에 무거워져 쉽게 내려 앉는다. 세 번째는 식물의 생리다. 도시의 가로수를 보면 나무 잎에 하얗게 먼지가 쌓여 있다. 나무 잎이 먼지를 침전시키고, 흡착시키는 역할을 한 것이다.

이런 원리를 이용하면 도시의 미세먼지를 줄일 수 있다. 먼저 도시의 도로나 옥상을 뜨겁게 만들지 않는 것, 즉 대류 현상을 방지하는 것이다. 옥상녹화를 하면 건물의 지붕을 시원하게 만듦과 동시에 홍수와 열섬 현상, 대류현상을 줄일 수 있다.

또 하나의 방법은 비가 자주 오는 소순환의 구조를 만드는 것이다. 빗물은 땅에서 증발해 하늘로 올라가서 구름이 된다. 지붕이나 투수성 포장에서 증발하는 양을 많게 해주면 그 수증기는 나중에 비가 되어 다시 내려온다. 거리마다 잎이 많은 나무를 많이 심는 것도 방법이다.

실내에서도 미세먼지를 잡을 수 있다. 미세먼지가 섞인 공기에 물을 통과시켜 흡착하도록 '워터커튼(water curtain)'을 만들거나 실내에 넓은 잎 식물을 많이 키우는 것이다.

가장 유용한 솔루션은 집에서부터 도시까지 빗물 관리방법을 바꾸는 것이다. 지붕의 홈통을 '빗물저장소'에 연결해 비가 올 때마다 모은 다음 마른 마당에 물을 뿌려보자. 나무를 심어 보자. 마당이나 정원의 땅에 오목한 곳을 만들어 빗물을 모아 땅 속으로 침투시켜보자. 옥상에 꽃밭, 텃밭을 만들어보자. 내린 빗물이 증발해 다시 구름이 되어 빗물로 돌아오도록 도시를 녹화하자. 이렇게 하면 미세먼지뿐 아니라 홍수와 열섬현상도 예방할 수 있다.

›PART 06

대한민국의
하늘물
이니셔티브

• 수토불이(水土不二) 물관리

빗물을 잘 관리하면 물로 인한 분쟁을 줄여서 평
화를 가져올 수 있다. 바누아투 공화국의 평학공
원에 측우기를 세워 그 의미를 남태평양의 나라
들에게 알려주는 측우기 네트워크를 시작하였다.
앞으로 기후위기로 고통 받는 모든 나라에 빗물
관리를 알려줄 것이다.

수토불이(水土不二) 물관리

수토불이(水土不二) 물관리

지난 12월 중순 일본 도쿄에 다녀왔다. 서울은 영하 12℃의 강추위였는데, 도쿄에서는 그때서야 노란 은행잎이 떨어질 정도로 따뜻했다. 강수량도 서울이 도쿄보다 더 강한 폭우와 더 긴 가뭄이 발생한다. 지형조건도 나쁘다. 도쿄는 거의가 평지로 되어 있지만 서울은 산에 둘러 쌓여 있다. 산에서 흘러 내려오는 서울의 빗물은 그 위치에너지 때문에 평지인 도쿄의 빗물보다 파괴력이 더 크고 위험하다.

최악의 자연조건이 최고의 기술을 만든다. 일본의 지진기술이 발달한 것은 지진의 피해를 잘 극복하였기 때문이다. 마찬가지로 홍수, 가뭄 등 기후변화의 대비에는 자연조건의 열악함을 극복한 우리나라의 기술이 더 우수할 수 있다.

전 세계 주요 나라의 강수량과 강수 분산치를 그래프로 나타내면 우리나라의 연평균 강수량은 1,294㎜이고, 분산치는 11,677 ㎜²로 다른 나라에 비해 분산치가 매우 크다. 유럽의 여러 나라들은 강수량은 적고 일년 내내 골고루 비가 와서 분산치가 작다. 빗물관리의 어려움을 수학문제로 비유한다면 우리나라는 대학생, 일본은 중학생, 유럽은 초등학생 수준이라고 볼 수 있다.

강수 분산치가 작은 유럽에서 하천을 관리하는 방법을 우리나라가 벤치마킹하는 것은 대학생 문제를 초등학생에게 물어보는 것과 같다. 미국이나 유럽, 일본 등 선진국이라고 해서 물관리 방법까지 선진국은 아니다. 최악의 기후 및 지형조건에서 '삼천리 금수강산'을 지켜온 나라 즉, 고조선으로 대표되는 우리 선조들이 세운 나라가 물관리의 챔피언이었다.

우리 선조들은 그 챔피언 정신을 마을을 나타내는 洞(=水+同) 자에 남겨 주셨다. 그 의미의 첫 번째는 도시의 관리에서 최우선적으로 물관리를 고려해야 한다는 뜻이다. 두 번째는 같은 마을 사람들은 같은 물에 의존한다는 공동체의식을 나타내는 교훈이다. 세 번째는 개발 전과 후의 물상태를 똑같이 해야 한다는 책임을 말한다. 네 번째는 마을에 떨어지는 빗물을 잘 활용하여 분산형의 빗물관리를 하라는 뜻이다. 경복궁에 있는 연못이 그 증거이다. 연못을 만든 이유는 새로 궁궐을 지으면서 발생하는 홍수를 대비하고 지하수를 보충하는 것이다. 부수적으로 소방용수, 생물다양성과 풍류를 즐기는 다목적 빗물관리를 한 셈이다. 최근 미국이나 태국 등 전 세계에서 발생한 홍수 문제에 대한 원인과 해법을 모두 이 洞자 철학에서 찾을 수 있다.

이와 같은 새로운 패러다임의 다목적 빗물관리는 서울시 광진구의 스타시티의 빗물관리와 서울대 35동의 옥상녹화 물관리가 모범사례로 국제적인 상을 받는 등 주목을 받고 있다. 우리의 기술과 철학은 그 제목 자체가 "모두가 행복하고 스스로 책임을 지는 것"에 바탕을 둔 순수한 것이라서 시작부터 호감을 주어 다른 나라의 기술에 비해 경쟁력을 가질 수 있다. 최근에 불어온 한류의 시작은 춤과 노래로 사람들의 눈과 귀를 즐겁게 해주었다. 그 다음 단계는 대한민국이 가진 철학과 과학기술로 사람들의 생명과 재산을 지켜주는 새로운 한류로 승화시킬 수 있을 것이다. 그러한 정신만 가지면 우리의 젊은 청소년들이 전 세계를 무대로 활약하여 우리 선조들의 빛나는 전통을 이루어 줄 수 있을 것이다.

최근들어 기후위기로 인하여 우리나라는 물론 전 세계가 물로 인해 고통을 받고 있다. 그 해답을 우리 것에서 찾아보자. 우리에게는 수천 년 동안 최악의 자연조건을 극복한 물관리 철학과 기술이 있다. 또한 그것을 현대적으로 적용한 모범사례가 있다. 이전에 유행했던 신토불이라는 노래를 바꾸어 수토불이를 불러보자.

♬잊지 마라 잊지 마 너와 나는 한국인,

水土不二, 水土不二, 水土不二야…. ♬♪

제헌절 노랫말 안의 비밀

7월 17일은 제헌절이다. 1948년 독립 국가를 세운 대한민국 모든 법의 기초가 되는 헌법을 제정한 날이다. 우리 민족이 문화민족의 꿈을 이루면서 억만 년을 살아갈 수 있는 지혜를 담고, 그 비전을 일반 시민과 공유하기 위하여 제헌절 노래를 만들었다.

정인보 작사, 박태준 작곡의 제헌절 노래 첫 소절은 "비, 구름, 바람 거느리고 인간을 도우셨다"는 구절로 시작된다. 예수가 태어나기 2333년 전, 단군왕검이 우사(雨師), 운사(雲師), 풍백(風伯) 세 신을 모시고 나라를 세우고, 홍익인간을 그 근본철학으로 삼았다는 우리의 건국 역사를 의미하는 것이다. 이 노랫말 속에 인류의 지속가능한 삶을 위한 비밀이 숨겨져 있다. 그것은 우리 선조들은 생활 속에서 실천해온 것이다.

우사(雨師)는 빗물을 관장한다. 기우제나 기청제를 주관하는 사람은 나라의 임금이나 지역의 최고 우두머리인 것을 보면 빗물을 얼마나 소중하게 다루었는지 알 수 있다. 세종대왕이 손수 측우기를 발명하고, 그것을 전국에 설치하고 강우량을 기록하도록 명을 내렸다. 전국에 걸쳐 인공 저수지를 만들어 분산형 빗물관리를 하도록 했다.

운사(雲師)는 구름으로 태양 에너지를 조절한다. 폭염 때에는 태양을 피하고, 겨울에는 태양을 받을 수 있도록 건축물을 지을 때 남향으로 집을 내고, 처마를 길게 만드는 등 누구든지 자연적인 저탄소 생활을 실천하도록 하였다. 냉장고가 없어도 겨울에 보관한 얼음으로 한여름에도 빙수를 즐겼다.

풍백(風伯)의 역할은 바람을 잘 조절하는 것이다. 앞마당과 뒷동산의 온도차를 이용하여 항상 툇마루를 통해 시원한 바람이 통하게 하는 방법을 이용하고, 정원에 연못을 조성하여 바람에 의한 증발열을 조절했다.

인간을 도우셨다는 것은 사람과 사람의 갈등, 자연과의 갈등, 세대 간의 갈등이 없이 모두가 행복한 것을 목표로 한 홍익인간 정신을 말한다. 이것은 우리 백성만이 아니고, 전 세계 사람들이 조화롭게 사는 세계 평화를 의미한다.

우리 선조들은 이러한 철학을 바탕으로, 비단으로 수를 놓은 듯 아름다운 국토(금수강산)를 우리에게 물려주었다. 자연과 순응하면서 누구든지 부담을 주지 않으니 이것이야말로 지속이 검증된 셈이다.

최근 들어 서구의 철학에 바탕을 둔 지속가능이라는 정책과 기술에 관심을 기울이고 있다. 이 방법들은 모두 에너지가 들거나 비싼 자재를 사용하여 유지관리비가 많이 들거나 언젠가는 망가질 지속가능하지 못한 방법들이 대부분이다. 대규모의 집중형으로 만들어 인간과의 갈등, 자연과 후손에게 부담을 주고 있다.

예를 들면 댐, 빗물펌프장, 태양광발전, 풍력발전 모두 다 몇 십 년 후에는 후손들에게 부담만 주는 거추장스러운 시설이 될 우려가 있다. 최근의 일본의 원자력 발전소의 사고에서 그러한 지속 불가능한 예를 볼 수 있다.

제헌절 노래의 교훈을 되살려보자. 넷째 소절은 "옛길에 새 걸음으로 발맞추리라"이다. 우사, 운사, 풍백을 모시고 홍익인간의 철학으로 기후변화에 현명하게 대처해 온 우리 고유의 전통과 철학을 바탕으로 첨단소재와 IT기반의 기술을 도입, 기후변화에 적응하는 지속 검증된 방안을 찾아내어 그것을 우리나라는 물론 전 세계 사람들에게 알려주어야 할 것이다.

이것은 서구의 인간중심의 사고에서 비롯된 위험한 발상으로부터 전 세계 사람들의 생명과 재산을 보호해주고 세계의 평화를 주도할 수 있는 신 한류가 될 것으로 확신한다.

세계 최고 빗물이용시설 한국에 있다

국제물협회(International Water Association)에서 매월 발간되는 잡지 2008년 12월호에 표지기사로 스타시티의 빗물이용시설이 소개됐다. 한국은 물론 일본, 영국, 말레이시아, 프랑스등지의 공무원과 시민단체, 언론매체 등에서 견학을 오고 그 규모와 설계철학에 감탄한다. 세계 제일의 빗물이용시설이 설치된 건물이기 때문이다. 스타시티는 서울 광진구에 위치한 1,310세대의 주상복합단지로 35~58층에 이르는 건물 4개동으로 구성돼 있다. 단지 내에는 실개천과 분수, 잔디, 수목 등 조경시설이 있으며 2007년 3월 완공됐다. 스타시티는 단지 안에 내린 비를 100㎜까지 저장함으로서 주변 하수도에 영향을 주지 않도록 설계 됐으며, 저장된 빗물을 조경용수나 화장실용수로 사용하고 있다. 집수면의 면적은 약 5만㎡이며 집수면은 지붕면과 조경지역을 포함하는 대지면으로 구성돼 있다.

B동의 지하 4층 전체를 3,000톤 규모의 빗물저장조로 만들고 칸을 막아서 1,000톤짜리 3개의 빗물탱크로 만들었다. 첫번째 저장조는 지붕면에서 모아진 빗물을 저장하고, 두번째 저장조는 단지 내 대지면에서 모아진 빗물을 저장해 침수예방과 상수절약 용도로 사용하고 있다. 특히 조경용수로 사용된 빗물이 비포장면에서 침투를 통해 다시 저장조로 들어오는 순환이용 시스템을 구축해 빗물의 이용률을 높였다. 세 번째 저장조는 단수나 화재

등 비상시에 대비한다. 10톤짜리 소방차 100대분의 물이 항상 저장돼 있어 주민들은 물론 그 지역 사람들까지 화재에 대한 걱정을 줄일 수 있고 잘하면 화재보험료도 줄일 수 있다.

2007년 1년간 단지 내에 내린 강우 6만 5,000톤 중 약 4만톤의 물을 사용했다. 1년 동안 이 단지에 떨어진 빗물 중 실제 사용한 빗물을 빗물이용률로 표시하면 단지의 물관리 상태를 알 수 있다. 스타시티의 2007년 빗물 이용률은 약 67%로, 운전이나 유지관리 개선을 통해 이 수치를 더 높일 수 있다.

이 시설이 세계 제일인 이유는 다목적, 적극적 그리고 상생적(win-win) 빗물이용이 가능하도록 설계한 것이다. 먼저 다목적 빗물관리를 위해 수질에 따라 저장조를 구분하고 각각의 물탱크에 홍수방지, 물 절약, 비상용의 기능을 부여했다. 다음으로 적극적 빗물관리를 위해 저장조의 수위 및 수량을 원격모니터링해 저류된 빗물의 양을 파악하고 이를 통해 미리 저장조를 비워 침수문제 등을 적극적으로 관리할 수 있도록 했다.

마지막으로 개발사업자는 빗물이용시설 설치 시 3%의 추가용적율 인센티브 혜택을 봤다. 감독기관에서는 추가적인 예산이 들지 않고 사업자에게는 이익을 보존해주는 상생적 빗물관리가 가능하게 된 것이다. 다른 일반적인 물관리 시설에서 자연 대 인간, 인간 대 인간 등 여러 가지 갈등이 존재하는 것과 비교해보면 스타시티의 빗물이용시설은 이로 인해 손해를 보거나 피해를 보는 집단이 하나도 없다는 것에 큰 의의가 있다.

스타시티의 사례와 같이 빗물관리 시설이 설계 당시부터 반영된다면 별도의 비용이 크게 들지 않는다. 오히려 하수관의 규모가 작아도 되기 때문에 공사비를 줄일 수 있다. 빗물펌프장이나 유수지 설치를 위한 비용도 절감할 수 있다. 그리고 빗물을 이용한 만큼 수돗물 이용을 줄일 수 있어 광역상수도의 공급량을 줄일 수 있을 뿐 아니라 하수도로 버려지는 물도 줄어들어 하수처리 비용도 감소된다.

또 빗물을 이용하는 만큼 에너지를 줄이고, 물 공급의 안전성을 높여 만약의 사태에 대비할 수 있는 장점이 있다. 앞으로 전국에서 새로 건설할 건물과 단지에 설계단계부터 계획적으로 빗물이용시설을 반영한다면 건설 및 유지관리에 있어서 비용 절감은 물론 저탄소 녹색성장을 실현하는데 도움이 될 것이다. 그리고 물로 인한 갈등이 생기지 않는 평화로운 물관리가 될 것이다. 앞으로는 건물이나 주택단지를 평가하거나 감상할 때 심미적인 평가에 앞서 가장 먼저 다음과 같은 질문을 해보자.

"당신의 건물(지역이나 도시)에서는 하늘이 주신 공짜 선물인 비를 몇 퍼센트나 사용하시나요?" 이것이 기후위기를 극복할 수 있는 개인 차원에서 할 수 있는 유일한 방법이기 때문이다.

모두가 행복한 오목형 옥상녹화

대부분의 건물에는 옥상이 있다. 옥상은 평소에는 접근하기 어렵고, 지저분하게 잡동사니가 놓여 있거나, 아니면 담배 피는 공간정도로만 사용해왔다. 어떤 옥상에는 꽃과 나무를 심은 곳도 있지만 수도료와 유지관리가 골칫거리이다. 옥상녹화를 하는 사람 자신은 즐거울지 모르지만, 이웃들에게까지 도움주는 것은 별로 없다.

옥상을 다시보자. 옥상이란 하늘의 선물인 햇빛과 빗물이 인간에게 가장 먼저 도달하는 소중하고 신성한 장소이다. 하지만 지금 대부분의 옥상은 오히려 여러 문제를 만들고 있다.

첫째는 물의 상태가 나빠진다. 가령, 건물이 만들어지기 전의 나대지에서는 10이란 비가 오면 7이 땅속으로 들어가거나 증발하고 3이란 물만 하류로 내려가는데, 옥상을 만든 후에는 9의 빗물이 내려간다. 이 때문에 하류의 하수도나 하천에 홍수가 나는 것이다. 둘째는 열의 상태가 나빠진다. 여름에 태양열은 지붕에 흡수되어 건물을 덥혀주고, 지붕에서 반사된 복사열은 도시의 열섬현상을 일으킨다. 셋째는 그 지붕 면적만큼 경작지가 줄어든다.

우리는 아이들에게 '자기가 어지럽힌 것은 자기가 치워야 한다'는 사회적 책임을 강조한다. 옥상도 마찬가지이다. 옥상을 만든 건축가는 자신이 어지러트린 물, 에너지, 식량에 대한 사회적 책임을 져야 하는 것은 당연하다.

사회적 책임을 다 하는 착한 옥상녹화의 사례가 있다. 서울대학교 35동에 실현시켜 놓았는데 그 비결은 오목형의 빗물관리이다. 다른 옥상은 가운데를 볼록하게 만들어 빗물을 버리지만, 이 옥상은 가운데를 오목하게 하여 빗물을 천천히 나가게 하거나 저장할 수 있다. 옥상위에 주위를 벽돌로 30㎝ 정도 쌓은 다음, 그 위에 차례로 5㎝의 저류판, 15㎝의 흙, 10㎝의 자유공간을 둔다. 빗물은 저류판과 흙의 공극에 저장되며, 비가 많이 올 때는 상부의 자유공간에 일시적으로 저류되었다가 천천히 빠져 나가게 된다.

2012년 7월 서울에 호우경보가 내리고 강남역이 침수될 정도의 239㎜m 비가 왔을 때 첨두 유출량을 55%로 줄여주고, 그것이 발생되는 시기를 2~3시간 지연시켜 주었다. 이렇게 되면 하류의 홍수를 방지할 수 있으며, 홍수방지를 위해 필요한 저류시설 크기를 줄이는 재해 방지효과가 있다. 비가 그친 후 내부의 배수판과 흙 안에 남은 40㎥의 물은 훌륭한 수자원이 되어 식물이 사용한다.

넷째는 여름의 한낮에 콘크리트 옥상 표면은 섭씨 60℃까지 올라간 반면, 옥상녹화로 덮은 부분은 30℃로 큰 차이가 난다. 그 결과 맨 꼭대기 층은 콘크리트 옥상이 있는 건물보다 3℃ 정도 시원하게 지내면서 냉방에너지 가동으로 인한 블랙아웃에 대한 정부의 고민을 일부 해소시킬 수 있다. 셋째, 옥상 텃밭에 상추, 토마토, 고추 등을 심어 학생, 교수, 직원, 지역주민들이 공짜로 실컷 먹는다. 여러 사람들이 자발적으로 텃밭을 관리하니 유지관리비가 들기는 커녕 오히려 돈을 번다. 벌도 키워 꿀도 딸 수 있다.

소통의 공간을 만드는 사회적인 기능도 있다. 쉽게 만나기 어려운 교수, 직원, 학생, 심지어는 주민들까지 옥상텃밭과 꽃밭에서 재미있게 서로 정을 나누었다. 지난 6월에는 동네주민들이 학생들에게 상추쌈으로 저녁도 해주고, 외국인 학생들을 위한 음악회도 열어주었다. 이번 가을에는 학생과 주민이 공동으로 재배한 배추를 동네의 어려운 분들께 나누어 드릴 것이다.

오목형 옥상녹화의 개념은 창조적이다. 재해의 원인으로 생각한 빗물을 수자원으로 만들고, 열섬현상을 줄여주고, 빗물을 매개로 구성원들이 서로 소통할 수 있는 기회를 만들어주기 때문이다. 또한 사회적 책임을 다함으로서 이웃과 나와 우리 모두를 행복하게 하는 홍익인간의 정신이 담겨있다.

이것을 제도적으로 확산하기 위해서는 재난, 건축, 환경, 수자원, 교육등 정부부처 간의 장벽을 뛰어넘어 다목적의 시설을 하도록 하는 것을 의무화하고, 개별 건물의 참여를 유도하는 융합적인 법규 제정이 필요하다.

서울대 35동 옥상은 물-에너지-식
량을 연계한 모두가 행복한 모범적
인 오목형의 옥상녹화로서 국제적인
창의적인 상을 여러 번 받았다.

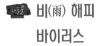

비(雨) 해피
바이러스

빗물은 나를 행복하게 해주었다. 물에 대해 40년 가량 공부한 이후 요즘처럼 행복한 적이 없다. 목표가 있는 학문을 하고, 그 결과가 사회의 안전성과 인류의 미래에 당장 도움을 줄 수 있기 때문이다. 지금까지의 나의 지식과 경험, 친구관계, 네트워크, 심지어는 시련을 포함해 어느 하나 빠짐없이 지금의 빗물을 확산시키기 위한 도움이 됐다.

빗물은 나에게 물관리 학문의 위치와 앞으로의 방향을 알려주었다. 과학기술자적 지식 외에 사회적 책임이라든지 솔선수범, 사회 전파를 위한 연출과 기획 등의 필요성도 배웠다. 앞으로 남은 나의 열정과 시간 분배의 우선순위는 그것으로부터 정해질 것이다.

학문에도 유행과 전통이 있기 때문에 역사적인 배경을 아는 것은 중요하다. 선진국이라고 해서 항상 모든 기술이 다 선진수준은 아니다. 특히 기후문제에 적용방법은 더욱 그렇다.

가장 혹독한 기후를 경험한 나라가 기후위기 대응 선진국이다. 잘 알려진 로마식의 물관리가 지속가능하지 않다는 것에 도전을 했다. 선진국에서 개도국에 제공하는 물 관리는 제국주의 사상에 입각한 '먹튀식' 물 관리이며, 이 방법으로는 선진국 자신은 물론, 전 세계 물 문제 해결은 불가능하다.

바람직한 물 관리 철학도 제시했다. 강을 위주로 한 1차원 관리는 남을 고려하지 않은 나만을 위한 관리이다. 유역 전체를 고려한 2차원 물 관리는 상하류 사람들 간의 갈등을 줄일 수 있다. 지하수위를 생각한 3차원 관리는 사람과 자연간의 갈등을 줄일 수 있다.

장래의 운전비용과 안전성을 고려한 4차원 관리는 세대 간의 갈등을 줄일 수 있다. 이러한 갈등을 없앤 '모두가 행복한 물관리'가 빗물관리로 가능하다는 것을 그려냈다. 그것을 스타시티에서 실현하여 국내는 물론 전 세계의 모범이 됐다.

빗물은 다른 사람도 행복하게 해준다. 물 때문에 고통을 받는 아프리카에도 흙비가 내리지 않는다는 것을 확인한 이후 빗물만 받으면 아주 간단한 방법으로 '임금님표' 식수를 스스로 만들어 먹을 수 있다는 것을 확신했다. 유엔기관에서 정한 새천년 목표(MDG)를 해결하기 위해 서양식의 방식으로 해결이 안 되는 것이 증명됐으니, 그 대안으로 빗물관리에 의한 한국식의 방법을 지속가능 개발목표(SDG6)에 대한 해결책으로 제시하고 있다.

홍수와 가뭄의 피해는 빗물을 버리는 대신 모아서 잘 사용하는 마을인 '우리(雨里), rain village'로 줄일 수 있다. 대한민국이 우리(雨里)의 확산의 본거지로서 전 세계적인 각광을 받고 있다. 우리(雨里)를 전 세계에 확산하면서 자연스럽게 우리나라의 홍익인간 철학을 알려주고, 세계 최초의 측우기를 소개하면서 그 바탕에 있는 우리나라의 기술과 사상을 알려줄 수 있다.

최악의 자연조건에도 불구하고 금수강산을 이룬 과거의 우리나라는 기후위기 적응을 위한 철학적·기술적 전통을 갖춘 챔피언이었다. 앞으로도 그 철학에 첨단기술로 보완한다면 미래의 기후위기 시대의 물 관리 챔피언이 될 수 있다. 전 세계를 대상으로 사람도 살리고 돈도 벌 수 있다.

중학교 2학년 국어 교과서에 실린 '지구를 살리는 빗물'을 공부한 학생들은 빗물관리나 기후위기에 관한 한 전 세계 학생들을 상대로 우리나라 철학과 기술의 우월성을 자랑할 수 있다. 그들이 커서 사회구성원이 되면 물 관리에 대한 커다란 변화가 예상된다.

갈등이 없는 물 관리로 시작되는 세계 평화를 위해 '비(雨) 해피 바이러스'가 빨리 전파돼 모든 사람이 빗물로 행복하기를 기원한다. 그 중심에 우리의 젊은 청년들과 기업가들이 우뚝 서서 세계를 리드하기 바란다. 선조들 덕분으로 더 훌륭한 후손을 키울 수 있는 것 또한 행복한 일이다.

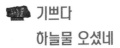 **기쁘다 하늘물 오셨네** | 우리나라는 물론 전 세계적으로 기후위기로 나타나는 현상인 홍수, 가뭄, 물부족, 폭염 등은 모두 빗물과 관련돼 있다.

따라서 빗물을 모아서 관리하면 이러한 문제들을 줄일 수 있다.

하지만 사람들의 빗물에 대한 인식은 매우 부정적이다. 산성비라는 잘못된 교육과 홍보 때문에 시민들은 물론 물전문가까지 빗물은 내리자마자 빨리 버려야 하는 쓰레기 같은 존재라고 생각하고 관리해왔다. 그 결과 정부의 물관리 계획에는 모든 수자원의 시작인 빗물이 무시 또는 저평가 됐다. 첫 단추부터 잘못 꿴 셈이다. 기후위기에 대처하기 위해서 가장 필요한 것은 빗물에 대한 이미지를 긍정적으로 바꾸고, 법률을 제·개정하며 올바른 실천 사례를 만들고, 그것을 실현시키는 시민사회 운동이다.

다행스럽게도 2019년에 빗물에 관한 법제적, 사회적으로 커다란 전기가 마련됐다. '물관리 기본법'은 빗물로부터 시작된 물순환 주기의 과정에 있는 모든 물을 유역 전체에서 종합적으로 관리해야 한다는 원칙을 제시하고 있다. 또한 홍수, 가뭄, 폭염 등에 대응하기 위해서 '적극적인 빗물관리'를 해야 한다는 '저탄소 녹색성장 기본법' 개정안이 2019년 10월 국회에서 여야 만장일치로 통과됐다. 빗물은 자원이라는 기본법의 원칙에 따라 관련된 모든 하위의 법이 제·개정될 것이다. 이미 서울시, 전주시와 같은 80개 이상의 지방자치체에서 빗물이용시설을 활성화하도록 보조금 등의 경제적 인센티브를 주는 빗물조례가 시행되고 있다.

더욱 고무적인 사실은 '하늘물'이라는 새로운 브랜드를 만들어 빗물의 중요성을 알고 잘 관리를 하자는 움직임이 학자, 예술가, 시민사회에서 시작된 것이다. 하늘에서 떨어지는 빗물은 산지, 농토, 도시, 건축물 등 국토의 전역에 떨어진다. 따라서 국토 전체가 하늘물의 혜택을 누리면서 기후위기에 대처하기 위해서는 정부의 하천 위주의 물관리로 부터 모든 시민이 인식하고 누리는 하늘물 문화로 승격시켜야 한다는 취지다.

2020년 새아침에 '하늘물 이니셔티브'를 제안한다. 이것은 물관리 기본법의 원칙에 따라 빗물을 소중한 자원으로 생각하고, 국토의 모든 빗물을 떨어진 자리 근처에서부터 관리하도록 모든 국민이 참여하는 물문화 운동을 말한다. 우선 교과서에 있는 산성비에 대한 잘못된 지식을 바로잡고, 유아부터 고등학교 학생들이 하늘물과 관련된 재미있는 활동을 하도록 하는 것이다. 지역 특색을 살린 시민들의 성공적인 물관리 사례를 많이 만들어서 홍보 및 확산한다. 법 제도의 정비, 새로운 패러다임의 물관리에 대한 연구개발의 지원, 빗물관리산업의 육성 등이 필요하다. 이러한 운동을 전 세계에 확산할 수 있다.

지구적으로 생각하고, 지역적으로 행동하자(Think Global, Act Local). 전 세계적인 탄소감축과 기후위기에 대한 고민만 한다면 당장 우리 지역의 물문제를 해결할 수 없다. 하지만 지역에 떨어지는 하늘물을 모으면 당장이라도 홍수, 가뭄, 열섬도 줄일 수 있다. 정부의 신남방정책의 전략의 하나로 하늘물 이니셔티브를 제안한다. 아세안지역의 물부족 문제를 빗물을 이용하여 스스로 해결할 수 있는 방법을 알려주면 아주 커다란 외교적 성과를 거둘 수 있다. 최근 대한민국의 기술로 베트남의 시골 보건소에 만든 빗물식수화 시설은 세계보건기구(WHO)와 함께 아세안 국가, 남태평양 국가 등으로 확산하는 단계에 있다.

기후위기에 대비하기 위해 최우선적으로 해야 할 일은 빗물을 버리는 도시가 아닌 빗물을 모으는 도시로 바꾸는 것이다. 이를 위한 시민의 인식변화와 시민운동을 위하여 제 1회 하늘물 전시회가 서울대 관정 도서관에서 열렸다.

아직 전 세계 사람들이 빗물의 중요성을 모른다. 빗물에 대한 인식의 변화는 우리는 물론 전 세계에 기쁨을 줄 수 있다. 대한민국의 빗물관련 법제화와 시민운동의 시작은 기후변화로 고통 받는 전 세계 인류에 해결책을 제시해준다. 앞으로 대한민국의 '하늘물 이니셔티브'를 따라 하면서, 전 세계의 사람들이 "기쁘다 하늘물 오셨네"라는 축복의 노래를 부를 것이다.

대한민국 물의 날을 정하자

우리나라는 법정기념일로서의 물이 날이 별도로 규정되어 있지 않고 세계 물의 날인 3월 22일에 동참하여 기념행사를 하고 있다. 3월 22일을 세계 물의 날로 지정한 배경은 1992년 12월 22일 UN 총회에서 전세계적인 물문제의 심각성을 깨닫고, 그로부터 3개월 후에 세계 물의 날을 정해서 기념하자는 뜻에서 만든 것으로서 우리나라는 물론 다른 나라도 특별한 의미가 없다.

만약 우리나라의 물의 날을 만든다면, 근거와 의미가 확실히 있고, 우리나라에 적합하며, 우리 국민 모두가 자랑스럽게 인정하고, 전 세계를 선도할 수 있는 그러한 의미 있는 날로 정해야 할 것이다. 우리나라에 그러한 날이 있다. 그것은 세종대왕께서 세계 최초로 측우제도를 실시한 날이다. 이 내용은 유네스코 세계기록 유산으로 등재된 조선왕조 실록에 적혀 있다. *http://sillok. history.go.kr/id/kda_12308018_004*

측우기의 발명

지구상의 모든 물의 시작은 빗물이다. 빗물을 관리하기 위한 강수량계는 우리나라에서 세계 최초로 1441년 4월 29일 (양력 5월 19일)에 세종대왕의 아들 문종이 측우기를 발명하였다. 이는 서양보다 200년이나 앞선 것으로 이 날을 우리나라 발명의 날로 정하였다.

측우제도의 실시

세종실록 93권을 보면 1441년 8월 18일 (양력 9월 3일), 세종대왕은 호조에 영을 내려 측우기를 전국에 보내어 강수량을 매일 보고하는 제도를 시행한다. 세종대왕은 전국의 강수량 자료를 모아 국가 정책에 활용하고, 농업 발전을 이뤄 백성들의 삶을 윤택하게 해주었다. 강수량이 2년 이상 적은 지역은 세금 감면의 혜택을 주기도 하였고, 강수량을 게을리 측정한 관리는 엄하게 처벌하기도 하였다.

당시 만들어진 측우기의 측정오차는 현대의 우량계 규격에도 부합할 정도로 정확하다. 하지만 측우기가 위대한 것은 장치의 개발만이 아닌 체계적인 강수량 측정 및 관리 기록 체계이다. 전국 300여 곳이 넘는 곳에서 강수량을 측정하고 그 자료를 모아 정책에 활용하였는데 1770년부터 현재까지 약 240년간의 강수량 기록이 남아있다. 다른 국가에서는 이렇게 오랜 기간 동안의 체계적인 강수량 기록은 찾아볼 수 없으며, 이 기록은 세계 기후 연구에도 중요한 자료가 되고 있다.

2018년 국회에서는 주승용 부의장이 대한민국의 물의 날을 9월 3일로 정하자는 물관리기본법 법률개정안을 제출한 바 있다. 그는 "세종대왕의 물관리는 현대의 국가물관리 철학과도 같으며, 위정자가 백성을 위해 직접 챙겼다는 점에서 의미가 크다"며 "특히, 강수량을 조선왕조실록이나 승정원일기에 기록한 점으로 왕이 물관리에 큰 관심을 가지고 있었다는 것을 알 수 있다. 이번 개정안을 반드시 통과시켜 우리나라 물문화의 창달뿐만 아니라 큰 관심을 가지면서 계속적으로 물관리 정책을 직접 챙기겠다"고 강조했다.

전 세계에 홍수, 가뭄, 물부족 등의 기후위기가 찾아오고 있다. 이러한 문제들은 모두 다 빗물과 관련이 있으므로, 빗물을 잘 관리하는 것이 물문제 해결의 실마리가 된다. 관리를 잘 하기 위해서는 표준화된 수치가 필요한데, 우리나라는 이미 약 600년 전에 이와 같은 수치를 측정하는 기구를 발명하고, 그것의 전국적인 네트워크를 만들어, 그 강수량 기록을 체계적으로 유지해 온 과학적 지혜와 경험을 가지고 있다는 것은 매우 자랑스러운 일이다.

빠른 시일 안에 9월 3일을 대한민국 물의 날로 제정하는 법률안이 시행되어, 우리나라의 모든 젊은이들이 대한민국 물의 날을 만든 배경과, 선조들의 지혜와 자랑스러운 업적을 알고 빗물관리의 중요성을 알기 바란다. 또한 전 세계에서 기후위기 때문에 고통을 받고 있는 나라들에게 빗물관리의 지혜를 전파해 준다면, 그들의 생명과 재산을 보호하는 방법을 스스로 깨닫게 해준다는 의미가 있다. 이에 따라 전 세계 다른 나라에서도 물의 날 제정에 적극 동참하고 빗물관리를 열심히 하여 현대판 국제 측우기 네트워크를 만들 것을 제안한다.

그 첫 번째 시도로 2019년 8월 12일 남태평양의 섬나라인 바누아투공화국 평화의 공원에 측우기와 빗물식수화 시설을 만들어 빗물관리의 중요성을 설명해주고, 바누아투를 시작으로 남태평양 측우기 네트워크를 만들 것을 제안하였다.

<부록>

모 모 모 물관리
기획편

화보- 빗물 식수화 활동 소개

• 국내 편

• 해외 편

1. 강화도 양도 초등학교 빗물이용시설 설치후 즐거워 하는 교장선생님과 학생들 (2011.1).
2. 전라남도 신안군 기도의 10가구에 각각 4톤짜리 빗물시설을 설치 (2012.6).
   이 프로젝트로 신안군과 서울대학교는 2013년 Enegry Global Award 수상.

아프리카(탄자니아)

솔로몬제도

1. 탄자니아 Mtwara 초등학교에 10톤짜리 빗물식수화 시설을 완공 후 좋아하는 학생들 (2013.2).
2. 빗물식수화 시설이 완공되기 전에는 학생들이 스스로 학교에 물을 가지고 와야 함 (2013.1).
3. 솔로몬 제도의 빈민가에서 짠 우물물을 마시고 있는 주민들 (2012.2).
4. 여기에 6톤짜리 빗물식수화 시설을 만들고 탱크에 주민들과 함께 그림그리기 (2012.2).

● 해외 ● 필리핀, 베트남

필리핀

1. 필리핀 라왕 초등학교에 60톤짜리 빗물식 수화 시설을 완성 (2017.3).
2. 베트남 라이싸 마을의 주택에 빗물시설을 설치 (2014.1).
3. 베트남 쿠케 마을에 빗물시설을 설치 (2015.1).
4. 베트남 LyNhan의 시골 병원에 WHO와 함께 빗물식수화시설을 설치 (2019.8).

베트남

1. 바누아투 공화국 대통령, 서밋 237 류광수 이사장, 서울대학교 한무영 교수가 MOU를 체결 (2019.1).

2. 바누아투 공화국 혜륜 유치원에 설치된 빗물식수화 시설 (2019.3).

3. 바누아투의 Rove보건소에 설치된 빗물식수화 시설 (2019.8).

4. 바누아투의 하버사이드 평화의 공원에 측우기를 설치하고 남태평양의 정상들과 함께 남태평양 측우기네트워크를 구축하기 시작 (2019.8).

• 추천사

• 저자 소개

현명하게 물을 대하는 자세와 방법을 안내하는 교과서

곽 동 희 (전북대학교 교수/영산·섬진강 유역물관리위원회 위원)

우리나라의 수질오염을 해소하고, 다가오는 물 부족시대를 대비하여 합리적이고 현명하게 물을 대하는 자세와 방법을 이처럼 일반인의 눈높이에서 알기 쉽게 이야기하듯 풀어놓은 책은 찾아보기 힘들다. '빗물 전도사'로 잘 알려진 서울대학교 한무영 교수님의 글은 읽는 사람의 눈으로 쓰여진 글이며, 화려한 문구나 지식을 뽐내는 글이 아닌 보통 사람들의 소박한 대화체이다. 읽을 때마나 언제나 잔잔하게 남는 감동이 있는 이유일 것이다.

대학교 교단에서 오랜 열정과 시간을 바쳐 써내려온 글이 한 권의 책으로 나온다는 소식을 들었다. 바로 '모모모 물관리'이다. 이름도 친근한 만큼 내용도 낯설지 않다. 그러면서도 우리가 자각하지 못했던 물의 숨은 과학과 이치를 깨우치게 한다. 특히 우리나라 전통적 물에 관한 인식과 관리방법에서 선조들의 철학과 지혜를 찾아내고 이를 전수시키기 위한 혜안은 한무영 교수님만이 갖는 특출난 능력이다.

이제 모든 이들이 느끼고 있듯이 기후변화는 현 세대에 대한 자연의 도전이고 그 기후변화에 따라 나타나는 위험요소의 첫 째가 물 부족문제일 것이다. 다가오는 도전을 어떻게 해결할 것인지 근본적인 대안이 이 책에 제시되어 있다. 또한 수량과 수질을 합하여 보다 합리적인 방법으로 물관리를 하고자 국가 및 유역 물관리 위원회가 출범하고 본격적인 논의와 활동을 시작한 작금에, 이 책은 우리가 나아갈 방향을 안내하는 교과서가 될 수 있을 것이다.

　모쪼록 전 세계가 기후위기로 고통을 받고 있는 가운데, 이 책에 그려져 있는 우리나라의 빗물관리의 역사와 전통과 철학이 우리 모두에게 알려지고 나아가 세계 사람들의 눈과 귀를 띄게 해주기를 기대한다. 그럼으로써, 저자의 글처럼 기후위기 시대에 지구인들의 생명과 재산을 지켜주는 우리의 물관리 철학과 기술이 제1의 한류를 넘어, 제 2의 한류로 도약하기를 그려본다.

　그동안 수많은 기고문과 단편 논문을 써왔던 가운데, 보다 많은 분량으로 정리된 이 책은 교단의 삶이 농익은 작품으로 재탄생한 듯하다. 환경문제에 관심이 있는 사람들을 포함한 일반 독자들 앞에 '모모모 물관리'를 자신감 있게 추천한다.

물에 관한 국민 교양서이자 전문가를 위한 지침서

최 지 용 (서울대학교 평창캠프스/저영향기술개발연구단 단장
환경부 도시물순환포럼 위원장)

물문제를 효율적으로 해결하기 위해서는 기존의 집중형 물관리 시스템만으로는 기후변화 대응, 물순환 장해 등 새로운 물문제를 해결하는데 취약할 수 밖에 없고, 비용과 시간이 많이 든다. 이 경우 분산형 빗물관리로 보완하면 효율적인 물관리가 가능하다.

한무영 교수님은 기후변화와 도시화 등으로 인해 갈수록 물 문제가 심각해질 것으로 전망하고 이에 대응하기 위해 빗물관리의 중요성을 제안하였다. 이와 같이 분산형 물관리 필요성을 처음으로 주장하였고, 물순환의 중요성을 학문적으로 정리하였다. 뿐만 아니라 교수님의 다목적 분산형 빗물관리 아이디어는 우리나라의 스타시티에서부터 개도국의 먹는물 공급까지 분산형 빗물관리가 환경적, 경제적 측면에서 가장 효율적인 수단임을 증명하였고 세계적으로도 그 성과가 인정되고 있다.

분산형 빗물관리란 다양한 종류의 빗물관리시설을 설치하여 다목적으로 활용하는 것을 말하며 이는 값싸고 신속하게 친환경적으로 설치할 수 있고 위험도 분산시킨다. 그 결과 홍수, 가뭄, 건천화, 지하수 문제도 한 번에 다 해결할 수 있고 물의 운송에너지도 줄일 수 있으므로 저탄소 정책과도 일치한다. 분산형 빗물관리는 기후위기를 극복하기 위한 해법임과 동시에 물 관리를 위해 앞으로 우리가

기반으로 해야 할 물관리의 기본 철학이기도 하다.

한무영 교수님은 물순환을 자연계 물순환과 인공계 물순환에 대한 이해를 기반으로 한 물관리 중요성을 제시하였다. 인공계와 자연계 각각의 물순환에 있는 여러 요소의 물은 서로 연관되어 있고 서로 영향을 준다. 따라서 빗물로부터 시작된 국토의 '모든 물'을 종합적으로 관리하는 물관리가 필요하고, 이렇게 하면 물로 인한 사회적 갈등을 줄일 수 있고 동시에 탄소 발생량을 줄일 수 있고, 홍수와 가뭄으로 대표되는 기후변화에 대한 대응을 할 수 있다는 물관리 패러다임을 강조하였다. 우리나라 물관리기본법의 근간에는 교수님이 제시한 이러한 철학이 기반으로 되어 있다.

한무영 교수님의 '모모모 물관리'는 "모두를 위한 모두에 의한 모든 물의 관리"라는 책 제목에서 나타내는 것과 같이 분산형 빗물관리에 대해 국민 모두가 공감하고 이해할 수 있도록 물에 관한 국민 교양서로서 뿐만 아니라, 물 관리를 다루는 전문가까지 물관리 패러다임 전환을 위해 반드시 읽어야 할 지침서이다.

어린이들에게 빗물의 가치를 알려주는 교육서

남기원 교수 (중앙대학교 사범대학 유아교육과)

'인생에서 추구해야할 가장 본질적인 것, 그 귀한 것은 무엇일까?'라는 질문을 갖고 있던 2019년 한교수님을 처음 뵈었다. 그 분의 빗물사랑 이야기, 우리나라와 타국에서의 빗물사업의 가치를 공유하다보니 절로 위의 질문에 대한 답을 찾게 되었고, 2020년 첫 개최로 예정되어 있던 사진전에 이어 영유아빗물관련 교육콘텐츠 개발과 작품을 대상으로 하는 〈하늘물 공모전〉을 제안하게 되었다.

우리나라는 유치원, 어린이집에도 국가수준의 교육과정이 있다. 거기에 들어있는 물의 증발에 대한 내용보다 더 중점적으로 다루어져야하는 부분이 바로 우리 생활속 빗물에 대한 가치발견이라는 생각이 들었다.

'일상에서 간과될 수 있는 자원들을 이 세상 생명의 원천으로 다시금 바라보는 것' 이는 단순히 교육콘텐츠로서의 가치를 넘어서 선세대인 우리들이 후속세대에게 전해주어야 하는 삶의 본질적인 태도가 아니겠는가?

후속세대는 안전한 환경에서 그들만의 꿈을 꾸며 삶을 영위해나갈 권리가 있고, 선세대인 우리들은 이를 위해 노력할 책무가 있다. 따라서 우리 선세대들이 각자의 전문영역에서 이 시대의 빗물에 대한 어두운 인식을 개선하고 후속세대를 위한 지원방안들을 고민해야할 것이다.

자, 우리 이 책에서 용기를 얻어 신발끈을 동여 매고, 함께 나가보자.

기후위기를 해결해 나갈 젊은이들에게 추천하는 필독서

임 홍 재 (前 이라크, 이란, 베트남 대사)

내가 한무영 교수를 처음으로 만난 것은 10년 전에 서울대학교 교수들이 주축이 된 5W 모임에서이다. 5W 란 기후변화(Weather)로 일어나는 전 세계 (World)의 물(Water) 문제를 선조들의 지혜(Wisdom)를 이용하여 해결하여 복지(Welfare)를 이루어보자는 뜻이다. 그때부터 한무영 교수와 빗물에 대한 관심을 가지기 시작하였다.

나는 외교관 생활 중 2004년부터 3년을 물이 귀한 중동지역에서 근무했다. 이라크는 국토의 대부분이 사막이며, 이라크의 연 평균 강수량은 180밀리미터이다. 한번은 이라크 공무원들이 연수 차 한국에 왔는데, 여름이라서 폭우가 내려서, 행사장에 오가는 길에 이라크 인들이 비를 맞을까봐 걱정하는데, 이라크 인들은 비는 하늘이 주는 축복이라며 즐겨 맞으며, 매우 좋아했다.

다음 근무지 이란은 혜초스님 묘사대로 며칠을 가도 나무 한포기 풀 한포기 없고 새소리 한 번 듣지 못하는 사막의 나라다. 그런데 테헤란 시를 에워싸고 있는 4천 미터의 토찰 산에는 거의 일 년 내내 눈이 쌓여 있고, 이 눈이 녹아 흐르는 개울물이 테헤란의 젖줄이다. 내가 근무 당시 석유 생산량 4위의 이란에서는 석유 1리터 가격이 9센트인데, 물은 13센트였다. 석유는 없어도 살지만 물이 없으면 못산다. 중동 사람들은 나무를 그리워한다. 그래서 중동 국가의 국기를 보면 예외 없이 녹색을 포함하고 있다.

중동에서 근무를 마치면서 나는 다음 근무지는 물도 많고 비도 많이 오고 풀도 많고 나무도 많은 나라로 보내달라고 기도했는데, 그 때문인지 다음 발령지는 베트남이었다. 베트남은 연 강수량은 1500에서 2000 밀리미터의 나라로서 물이 풍부한 나라이다. 그런데 지하수가 비소로 오염되어 있어 이를 식수로 마시기에는 부적절한 나라다.

내가 대사로 근무한 이 세 나라가 우연히도 물 문제가 심각하구나 하고 생각했는데, 사실은 전 세계가 물 부족으로 고통을 겪고 있다. 우리도 예외는 아니다. 그래서 국제사회는 "물 포럼" 또는 "유엔 지속가능발전목표(SDGs)"의 여섯 번째 목표로 물 문제를 포함해서 물 부족 해결을 인류의 당면 과제로 제시하고 이를 해결하기 위해 노력하고 있다.

이런 인류의 생존에 관한 고민에 서울대 한무영 교수가 하늘물 이용을 제시하였다. 한교수는 하늘물 이용을 우리 역사에서 발견하고 이를 현실에 실용적으로 적용하는 방법을 고안해 냈는데, 국내에서는 물론 해외에서 실험하여 지금 좋은 결과를 얻고 있다. 특히 베트남에서는 현지인들의 칭송이 자자하다. 우리 역사는 자랑스럽게도 경제 발전과 한류 등 다방면에서 우리에게 많은 영감을 주고 있다. 우리 역사에서 지혜를 얻은 한교수의 하늘물 이니셔티브가 또 한 번 세계의 주목을 받으리라 기대한다.

그의 하늘물 프로젝트는 유엔글로벌콤팩트(UNGC)를 통해 세계 기업인들에게도 소개되었고 이제 세계보건기구(WHO)도 주목하고 있는데, 빗물의 효과적 이용을 통해 물 부족을 해결해 준다면 국제 사회의 칭송을 받을 뿐만 아니라 대단한 비즈니스 기회도 창출할 수 있으리라고 생각된다.

한교수의 호는 우리(雨利)이다. 빗물은 유익하며 돈처럼 귀중하게 아껴 써야 한다는 그의 메시지는 이제 아름다운 음악처럼 들린다. 인류의 최대 도전인 기후위기에 대한 대응은 한교수와 같은 한 시민의 창의적 아이디어와 혼을 쏟는 노력에서 시작된다고 말 할 수 있겠다.

이 책은 한교수의 빗물 관리 제안과 확산 노력 그리고 제기된 도전에 선조의 지혜로부터 해법을 찾은 과정을 설명한 후 기후위기 대응 방안으로 '모모모 물관리'를 제시하고 있다. 남다른 호기심, 연구 그리고 실천에 근거한 그의 설명은 매우 설득력 있게 들릴 것이다. 미래 우리의 주인으로 기후위기 문제를 해결해 나갈 젊은이들에게 최초의 물관리 전도서인 이 책을 필독서로 적극 추천한다.

물관리에 대한 관심과 건강한 사회운동의 촉매가 될 것

최 연 충 (前 우루과이 대사/울산도시공사 사장)

"돈을 물쓰듯 한다"는 말이 있다. 귀한 돈을 헤프게 쓰는 것을 질책하는 뜻으로 쓰인다. 경제학원론에 비추어본다면 이 경우 돈은 경제재요, 물은 자유재로 보는 시각이 깔려있다. 그런데 과연 그러한가. 물론 그릇된 생각이다. 물이야말로 삶의 질을 보장하는 기본요소이자 도시와 국가의 경쟁력을 좌우하는 핵심자원이다. 오늘날세계 도처에서 물을 둘러싼 분쟁이 끊이지 않고 있는 것도 그만큼물 문제가 절박하기 때문이다. 우리의 물 사정도 녹록하지 않다. 1인당 연간 사용가능한 수자원량을 기준으로 할 때 우리는 물 스트레스 국가에 해당한다. 그럼에도 실제 우리 국민들의 물 사용량은 다른 선진국들에 비해 아주 높다. 시급히 개선해야 할 사회적 과제중의 하나다.

오래전부터 이 문제를 화두로 삼아 이론적 틀을 가다듬는 한편실천에 앞장서 온 한무영교수께서 그간의 성과를 정리하여 한권의책으로 내놓았다. 시의적절한 역작이다. 저자는 우리가 추구해야 할물 관리의 목표를 세 방향으로 나누어 제시한다. 우선 제대로 물을관리해야 인간과 자연이 조화를 이룰 수 있고, 현재와 미래 세대도상생할 수 있다고 강조한다. 요컨대《모두를 위한》물 관리가 되어야하며 이것이 결국 홍익인간의 이념과도 통한다는 것이다. 다음으로《모두에 의한》물 관리를 주문한다. 저자는 그동안의 물 관리가 공급측면에만 치우쳐왔음을 지적하면서, 원천적으로 물 사용을 줄여 나가는, 수요 관리에 더욱 역점을 두어야 한다고 역설한다. 또한 이를 위해서는 "Water is Everybody's business"라는 인식, 즉 우리 모두의 관심과 행동이 필요함을 거듭 강조하고 있다. 끝으로 저자는 우리가 관리 대상으로 삼아야 하는 것은 하천수 뿐만 아니라 토양에 스며있는 물, 식생과 대기중의 물, 지하수까지를 아우르는 《모든 물》이어야 한다고 힘주어 말한다. 자연계의 물 순환과정에 존재하는 물 전반을 함께 다루어야 소기의 성과를 거둘 수 있다는 뜻이다.

저자는 이처럼 모두를 위한, 모두에 의한, 모든 물 관리를 강조하는 한편, 그 실천전략으로 빗물을 효과적으로 활용할 것을 촉구하고 있다. 저자 한무영교수는 빗물박사로 더 잘 알려져 있다. 그만큼 빗물에 대한 저자의 관심과 애정은 남다르다. 학문적 탐구는 물론이고 실생활에서 빗물을 활용하는 다양한 아이디어를 끊임없이 내놓고 있다. 그는 빗물을 하늘이 내리는 은총으로 여긴다. 최근에는 빗물 식수화 프로젝트를 통해 개발도상국 주민들의 삶을 개선하는 데에도 앞장서고 있다. 공공외교의 새로운 모델이기도 하다. 저자의 열정과 노력에 경의를 표하며, 이 책이 물 관리에 대한 우리의 관심을 일깨우고 건강한 사회운동으로 이어지는 촉매가 되기를 기대한다.

우리나라가 빗물관리 선도국가가 되기를

최 영 운 (서울대학교 건설환경공학부 동창회장/다원녹화건설 상임고문)

물은 생명의 물질이다. 수소원자 두 개와 산소원자 하나가 결합한 지극히 단순한 이 화합물은 동물, 식물은 물론, 박테리아, 균류를 포함한 지구상 모든 생명체의 핵심 구성 물질이며, 한시라도 공급이 중단되면 살수 없는 중요한 물질이다.

물은 흔하디 흔하다. 지구표면의 2/3가 물에 덮여있고, 넓은 호수가 있고, 강이 흐르고, 땅 파면 물이 나오고, 가끔씩 하늘에서 때로는 과할 정도로 뿌려주니 '물이 부족하다'라는 이야기는 자주 듣고는 있지만, 그다지 절실하게 느껴지지 않을 수도 있다.

저자는 경고하고 있다. 그 흔해 보이는 물 중에서 사실은 우리가 쓸 수 있는 양은 만분의 일도 안되며, 특히 요즘과 같은 기후위기의 시대에서는 하늘이 주시는 선물(빗물)을 소중히 관리하지 않으면 고통이 따르고, 댓가를 지불해야 한다고...

무릇 '전문가'는 깊이가 있는 사람이다. 저자 한무영 박사는 물 전문가이기도 하지만 빗물 분야에 가장 깊이가 있는 세계적인 '빗물 전문가'이다. 그는 빗물에 대한 20년간의 공학적 연구를 넘어 철학을 만들어 내고, 우리의 생각과 자세를 바로잡아 주기 위해 끊임없이 노력하다보니 어느새 '빗물 계몽가'가 되었다.

이 책의 발간을 계기로 빗물이라는 명제를 자신의 숙명처럼 받아들여 올바른 길을 찾아 가야겠다는 그의 노력이 빗물관리·이용 분야의 발전은 물론 우리나라가 이 분야의 선도 국가로 자리매김 하는데 기여했다는 평가를 받았으면 한다.

실천하는 도시농부들의 필독서

이 은 수 (서울도시농업시민협의회 공동대표)

2013년 서울대 건설환경공학부 옥상 텃밭정원을 시민단체와 같이 가꾸자는 제안을 받아 한무영교수님을 만나 빗물이 소중한 자원임을 배웠고 노원구 천수텃밭 숲에 빗물받는 시설을 만들고 빗물통마다 예쁜 그림을 그리고 "빗물은 자원이다" 라는 구호도 외치고 물순환 단절로 인해 기후위기가 오고 있음을 교육하지만 빗물을 받아 활용하려는 사람들은 별로 없었다.

한무영교수님과 천수텃밭 숲에 작은 둔턱에 죽은 나뭇가지로 빗물웅덩이를 만들어 비가 내리면 고이고 땅속으로 스며들거나 습기가 있어 산불예방과 건강한 숲을 만드는 사례를 만들고 그의 빗물철학을 실천하는 우리(雨利) 한무영숲을 만들고 있다.

물은 위에서 아래로 흐르니 위쪽에서 받고 모이면 힘이 세지니 분산해서 받아 필요한 곳에서 쓰자는 분산식 물관리가 기후위기 해결 방법이 아닐까? 빗물에 대한 부정적 인식을 개선하기 위해 한무영교수님과 제주탐나라공화국 강우현대표님 그리고 노원도시농업네트워크 이은수대표가 모여 "빗물은 관리로, 하늘물은 문화로"라는 새로운 문화운동을 시작했다. 기후위기 해결을 위한 "모두를 위한, 모두에 의한, 모든 물의 관리"는 이 시대의 꼭 필요한 운동으로 많은 분들이 읽어야할 필독서이다.

한무영교수는 현재 서울대학교 건설환경공학부에서 '상수도공학'과 '지속가능한 물관리' 과목을 가르치고 있다. 그는 서울대학교 토목과에서 학사, 석사를, 미국 텍사스 오스틴 대학에서 박사학위를 받았다. 석사 졸업 후 현대건설 해외토목설계부에서 해외 프로젝트중 상하수도 분야의 설계를 하였다. 특히 그중 1년은 이라크 바스라 지역의 하수도 및 하수처리 시설공사 현장에서 근무하였다. 박사학위를 받고 귀국한 후 한국건설기술연구원의 환경연구실에서 건설부의 하수도 기본계획수립 프로젝트에 참여하였다. 실무경험을 바탕으로 상하수도 분야의 토목기술사 자격을 취득하였다. 그후 경희대학교 토목과에 8년간 재직한 후, 1999년부터 서울대학교에서 근무하고 있다. 현재는 IWA(국제물협회)의 석학회원이며 빗물분과위원장을 맡고 있다. 현재 (사)국회물포럼의 부회장이며, 국가물관리위원회 위원이기도 하다.

그는 응집, 침전, 부상과 같은 상하수처리분야의 전문가이다. 그의 응집의 이론에 관한 논문은 세계환경공학과학 교수협의회(AEESP)에서 주는 2005년 최우수 논문상을 받았다. 이 상은 시간의 검증을 거친, 현실적으로 많은 실제적인 영향을 준 기념비적인 논문을 일년에 단 한편씩 뽑아서 주는 권위있는 상이다.

그후 그는 빗물관리와 빗물식수화로 연구범위를 넓혀 IWA, Energy Global Award, World Water Forum등에서 많은 국제적인 상을 받았다. 빗물관리라는 새로운 학문적 지평을 넓힌 것을 인정하여 모교인 서울대학교 토목동창회, 미국 텍사스 오스틴 대학에서도 훌륭한 동문상을 받았다. 조선일보 국제환경상, SBS 환경상, 세상을 밝히는 사람상, 그리고 서울대학교 제 1 회 사회봉사상을 수상하였다. 15년간의 빗물연구를 집대성한 "다목적 소유역 빗물관리 시설의 수문학적 설계"라는 영어 교과서를 IWA에서 발간하였다.

많은 외국의 지식이 국내의 기술과 정책에 반영되지 않는 것을 보고, 외국의 학술서적들을 번역 출간하였다. WHO음용수 수질 기준, WHO화장실 기술, 정수시설의 최적설계와 유지관리, 물순환과 빗물이용, 새로운 패러다임의 물관리, 빗물모으는 방법, 도시의 물관리 책들은 반드시 읽어야 할 책들이다. 그 외에 저서로서 지구를 살리는 빗물의 비밀, 빗물탐구생활, 빗물과 당신을 비롯하여 학생들을 위한 책들을 저술하였다.

응집의 이론을 발전시켜 부상처리의 이론을 정립하여 미세기포의 다양한 성질을 활용한 다양한 수처리 방법에 대한 연구를 진행하였다. 그중 대표적인 것이 조류제거선의 개발이다. 하천이나 호수에 생긴 녹조를 배를 타고 건져내는 획기적인 기술은 실용화 단계에 있어서, 앞으로 전세계의 호수에 발생하는 녹조를 제거하는데 사용될 예정이다. 또한 미세기포를 이용하여 유류로 오염된 토양을 정화하는 기술도 현장에서 적용되고 있다.

2001년 봄, 오랜 가뭄 끝에 비가 왔을 때 빗물을 모두 다 버리는 현실을 보고 빗물에 대한 오해가 있음을 알았다. 그 오해를 풀어주는 것이 바로 물문제 해결의 실마리가 될 것이라는 생각으로 빗물의 연구와 인식개선에 의한 확산방안에 대한 사회운동을 시작하였다. 블로그와 컬럼, 그리고 국제 및 국내 워크샵과 컨퍼런스, 아동들을 위한 세미나, 교재발간 등을 하였으며, 최근에는 중학교 2년 국어 교과서에 "지구를 살리는 빗물"이라는 제목의 글을 게재한 바 있다. 국제적으로도 '다목적 분산형 빗물관리'라는 학술분야의 이론을 정립하였다.

빗물관리를 위한 두 개의 세계적인 모범사례를 만들어 외국의 교과서에 소개하고 있다. 광진구 스타시티에 있는 다목적 빗물관리 시스템은 홍수, 가뭄, 비상시 대비등의 다목적 시설을 성공적으로 만든후 서울시에 빗물관리 시설에 대한 경제적 인센티브를 받도록 하는 빗물조례를 만들었고, 이러한 빗물조례는 전국의 많은 지자체에서 채택하고 있다.

서울대학교 35동 건물옥상에 물-에너지-식량을 연계한 다목적 옥상녹화를 만들어 성공적으로 운영할수 있다는 사례는 외국의 언론과 교과서에 소개되어 있다. 두 가지 시범사업 모두의 근본 철학은 "모두가 행복한"으로 귀결되는 우리 나라 고유의 홍익인간 철학에 바탕을 두고 있다.

수처리와 빗물관리의 두 개의 전문분야를 합쳐서 빗물식수화(RFD: Rainwater For Drinking)라는 새로운 개념을 창안하고 기술적, 경제적, 사회적인 장벽을 극복하기 위한 연구를 하였다. '자연에 기반한 방법을 이용한 다중장벽을 가진 빗물식수화' 시설을 세계보건기구 (WHO)와 함께 베트남의 시골마을의 보건소에 설치, 성공적으로 운영하면서 베트남 보건부와 WHO의 정책을 바꾸기 위한 노력을 하고 있다. 이와 같은 빗물식수화 시설을 필리핀, 솔로몬제도, 바누아투와 같은 태평양 도서국가에 실제로 만들어 주면서 전파하고 있다. 이미 바누아투 공화국을 시작으로 남태평양 측우기네트워크를 만들었다. 이것을 전세계 측우기 네트워크로 확산하고자 하는 꿈을 가지고 있다.

SDG6의 문제인 Water and Sanitation을 해결하기 위하여 화장실에 대한 연구도 시작했다. 대한민국 전통의 화장실의 기술에 착안하여 물을 사용하지 않으며, 비료로 환원시키는 친환경순환형 화장실을 토리(土利)라 명명하여 그에 대한 연구와 실증시설을 개발하고 있다. 그의 연구는 World Water Forum과 UN 기관인 WIPO에서 국제적인 상을 수상한 바 있다.

그의 지치지 않는 창의적인 아이디어와 추진의 원동력은 물과 화장실로 어려움을 겪는 전세계 사람들을 도와주자는 마음, 모두를 이롭게 하자는 홍익인간의 정신, 그리고 물관리에 대한 철학과 기술이 우리나라가 세계 최고라는 믿음, 앞으로 대한민국이 세계적인 지속가능 목표인 SDG6를 해결해서 전세계 사람들의 생명과 재산을 보호하는 제2의 한류로 승화시켜 보겠다는 마음으로부터 나오고 있다.

모모모 물관리

초판 1쇄 | 발행 2020년 2월 20일

지은이 | 한무영
발행인 | 박정자
편　집 | 김옥순 허승희 이미경
마케팅 | 류호연
디자인 | 에페코북스 편집실
사　진 | 박성수

주　소 | 서울시 영등포구 여의도동 14-5
전　화 | 마케팅 02-2274-8204
팩　스 | 02-2274-1854
이메일 | rutc1854@hanmail.net
발행처 | 우리
출판등록 | 제2020-000004호

ⓒ한무영.2020 저작권자와 맺은 특약에 따라 검인을 생략합니다.
ISBN 979-11-969567-2-1
값 17,000원